JN068175

# 「免疫ビタミン」で肌免疫力を上げて10歳若返る!

## LPSで薄毛・老け肌にさようなら

杣　源一郎

ワニブックス
|PLUS|新書

# はじめに

最近は、テレビの健康番組でLPSのことが取り上げられたり、健康雑誌の特集でもLPSについて紹介されたりするようになってきています。

「〝LPSは体にいい〟と言われますが、具体的にどう体にいいのか詳しく教えてください」

私自身も、そんな質問を頻繁に受けるにつけ、人々の健康志向の高さを実感しています。

LPSは、正式名を「リポポリサッカライド」といい、長いので舌をかみそうになるので、略してそう呼ばれていますが、人間の健康を守る上で極めて有益な働きをする物質です。

私たちの体は、全身に網羅されている自然免疫システムにより、ウイルスなどの

〝外敵〟から常に守られているわけですが、その防衛最前線で中心的役割を担っているのがマクロファージという免疫細胞。そのマクロファージを懸命にパワーアップさせようと頑張っている物質、それがＬＰＳなのです。

言い換えるならＬＰＳは、各個人の免疫力を最大限に発揮させるあたかもビタミンのような働きをしてくれます。

つまり、私たちが体本来の活力を保ち健康を維持するためには、ＬＰＳの活躍いかんが大きなポイントになるわけなのです。

そう言えば、断崖絶壁のクライマーシリーズが人気だった「リポビタミンＤ」のＴＶコマーシャルを覚えている方も多いと思います。

岩山からロープで仲間を引き上げるとか、切れるつり橋を渾身の力でつなぎとめるとか。そのとき、出演の男性タレントが「ファイトー、いっぱーつ!!」と叫んで、パワー全開になるという――。

実は以前、知り合った男性にＬＰＳについて説明した際、聞き終わった後で彼はこんなことを言ったのです。

「ああ、ＬＰＳの働きというのは、マクロファージにとって、あのリポビタンＤみたいな感じですかね」と。

まあ、なかなか穿ったたとえと言いますか、当たらずといえども遠からずかもしれません。

要は、私たちの体の自然免疫機構には、そのような助けたり支えたり補ったりするバックアップの仕組みが、しっかりとあるわけなのです。

もちろん、ＬＰＳはサポートやパワーアップをする「縁の下の力持ち」であると同時に、ＬＰＳにしかできない仕事も担っています。

とにかく、私たちの体を異常のない健康状態に保とうとしてくれる――ＬＰＳはそういう頼もしい存在であると捉えていただいて差し支えないと思います。

免疫を活性化しながらヒトの体の恒常性を正常に保持する。このＬＰＳの役割が体の各方面で発揮されると、感染防御、創傷治癒、代謝調節の機能を高めるなど、いくつもの効果が体にもたらされることになるのです。

たとえば、その主なものだけでも具体的に挙げてみると――

●塩分濃度を下げる⬇高血圧予防

●終末糖化産物（ＡＧＥｓ）の排除を助ける⬇糖尿病予防

●コレステロールのＨＬＤを減らさずにＬＤＬだけを減らす⬇高脂血症予防

●骨密度の低下を抑制する⬇骨粗しょう症予防

●アミロイドβの蓄積を防ぐ⬇認知症予防

あるいは、

●抗ガン剤による副作用の抑制

●花粉症やアレルギー症の抑制

●疼痛《とうつう》や神経痛、手術後の痛みの緩和・鎮痛

……などなど。

もちろん、免疫力の向上によって、ガンになる可能性も低くなり、いろいろな感染症にも負けない力が備わります（新型コロナウイルス感染症の流行に対しても、「免疫力を落とさないのが肝要」という注意が頻繁に呼びかけられていますが、体にＬＰＳ摂取量が多い人と少ない人の差は、確実にあると思われます）。

そして、実はこのほど、それらいくつもの効力に加えて、ＬＰＳが持つさらなる新パワーが見つかりました。

なんと毛細血管をぐんと増やしてくれることがわかったのです。

血管力が寿命を決める――。最近ではそうした認識のもと、血管や血流への関心がとみに高まっていますが、体中の血管の99％を占めるのが毛細血管です。

体の隅々まで酸素や栄養を届けたり、細胞から二酸化炭素や老廃物を回収したり、免疫細胞やいろいろなホルモンを必要な箇所に運んだり……等々、まさに毛細血管は人間の生命活動のカギを握る大事な血液運搬道と言えます。

ただしその一方で、毛細血管は劣化すると、さまざまな不調や病気が生じ、老化も早まり、命を縮めることにもつながります。

しかし私たち研究チームによる実験結果では、毛細血管はＬＰＳの摂取に反応して強化され数が増加したのです。

そうした効用が、筋肉や内臓や脳などに及ぶことで、特に中高年に目立つ毛細血管の劣化の阻止が期待できます。

加齢ばかりではなく、偏った食生活や運動不足などによる生活習慣の乱れも毛細血管を劣化させる原因となりますから、若い人たちにとってもこのＬＰＳの働きは注視すべきと言えましょう。


さらに、ＬＰＳによる毛細血管の増加が、美肌作りや育毛に大いに役立つという点も見逃せません。

肌免疫に対してＬＰＳが働きかけているのは、すでに私たちの研究で手応えをつかんでいたことでしたが、このたび繰り返したさらなる実験により、ＬＰＳは肌細胞を強く目覚めさせるばかりか、周辺の毛細血管の構築を活発に促すことがわかったのです。

本来、肌表面下にくまなく張り巡らされているはずの毛細血管が、劣化してしまうと、それらは肌の手前で縮み、その先までルートを伸ばしていけません。そうなれば、しみ、しわ、たるみ、肌荒れ、薄毛……。皮膚はダメージを増し、ひいては老化するばかり……となります。

実は、２０１８年に開催された国際化粧品技術者会主催の国際学会において、肌状態が良いヒトは皮膚常在菌として〝農場や植物に棲む菌〟を多く持っていること、またこれらの菌の一種が実際に肌を改善する作用を持つことが発表され、注目を集めました。

まさにＬＰＳは〝農場や植物に棲む菌〟の成分ですから、この研究報告は、肌の活性化にやはりＬＰＳが密接に関係していることを示唆しています。

すなわち、ＬＰＳを多く摂取する人ほど、肌はツヤツヤ、薄毛にも悩まない、ということが言えるのですね。

本書では、こうしたＬＰＳの新たなる注目効果を取り上げ、詳しくお伝えしています。

もちろん、ＬＰＳについての基本知識もわかりやすく添えました。

読み進めていただくにしたがって、ＬＰＳが私たちの体に対して持つ数々の優れた力を、きっと多くの方が認識してくださることでしょう。

読者の方のＬＰＳへの関心が増し、この健康物質についてのさらなる理解が深まれば、著者として嬉しい限りです。

# 目次

図版／©自然免疫応用技研株式会社

# 第1章　ＬＰＳを体内に摂取すると健康になる

## ■ヒトは細菌とともに生きている

人類の歴史と細菌の歴史。どちらのほうが長いかと言えば、答えは後者。細菌の歴史のほうがはるかに長いのです。

動物というものが誕生した時から、すでに細菌は存在していて、いつもヒトの周りにいました。

私たちは、もちろん今も病原性細菌と戦っていますが、同時に体内における細菌との共生の選択もしています。

共生細菌が常在している主な場所としては、腸や皮膚や口腔内など。

そうした常在菌に対し、ヒトは、あたかも健康に生きるための仕事の一部を任せているかのようです。

なぜなら、細菌が体の中にいることを前提として、私たちの体の恒常性維持システムが構築されているからです。

それゆえ、それらの細菌が急にいなくなったり、バランスがくずれたりすると、私たちの体の調子もくずれてしまう、ひいては病気を招いてしまうという状態が生じます。

興味深いことに、私たちの体に影響を及ぼす細菌は、なにも生きている菌とは限りません。生きている細菌とその成分だけでなく、死んだ菌でも、その成分でも、ヒトの体に効果的に作用する場合があります。たとえばその一つがＬＰＳです。

このＬＰＳという物質は、ある細菌種の細胞膜の成分であり、これがヒトの健康を維持するための一要素としてヒトの体内で働くようになっているのです。

## 細菌は2つのグループに大別される

ところで、ちょっと専門的になりますが、地球上に生息しているすべての細菌は、大きく2系統に分類されます。

「グラム陽性細菌」「グラム陰性細菌」と呼ばれる2つのグループです。

**細菌の分類**

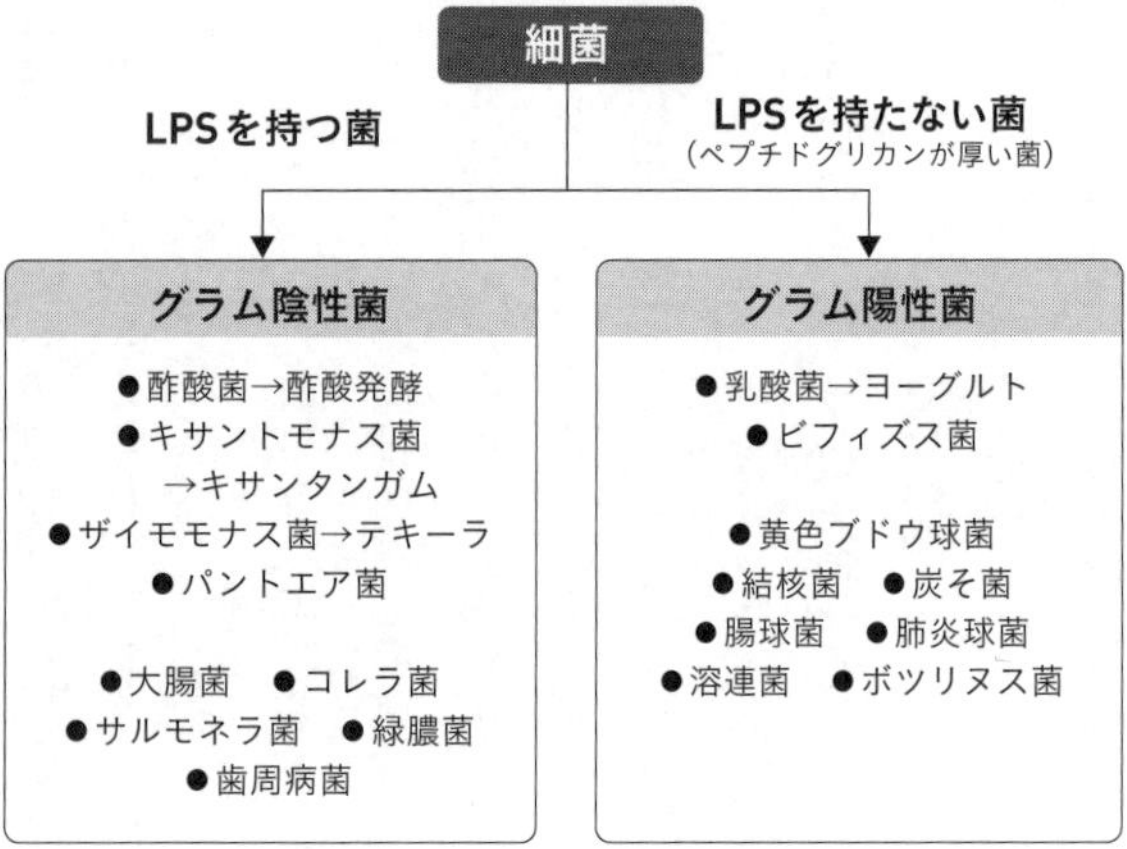


グラムとは、物の重さを表す単位「g」とはまったく関係がなく、グラムさんという人の名前に由来しています。ハンス・グラム先生。デンマークの微生物学者で、世の中の細菌というものが、2つのグループに大別できることを突き止めた先生なので、その人の名前が冠されているわけです。

グラム先生は、細菌の染色法を独自に開発し、用いた試薬に〝染まるか〟〝染まらないか〟によってグラム陽性細菌とグラム陰性細菌とにグループ分けをしました。グラム染色法で染まるか染まらないかは細胞壁の構造によるのですが、その構造の違いは2系統の菌の違いを明確に示すものなのです。

誤解がないよう念のために申し上げておきますと、グラム陰性細菌か陽性細菌かということは、病原性のあるなしには全く関係ありません。

染色液に染まる（陽性）か染まらない（陰性）かによって分けられているにすぎず、「陽性」「陰性」というのも、どちらかが〝良い〟とか〝悪い〟とかいう意味は持ちません。

たとえば、腸内細菌として有用な善玉菌だともてはやされている乳酸菌やビフィズス菌。これらはグラム陽性細菌種ですが、同じグラム陽性細菌の仲間には、ボツリヌス菌や、黄色ブドウ球菌、結核菌など病原性の菌もいます。

最近の研究では、グラム陰性細菌種であるバクテロイデスという名前の菌が少ない人が動脈硬化になりやすいという報告も出ていますが[*1]、要するに、多様な細菌によるさまざまな代謝活動が、私たち人間の健康を維持するために何らかの関与をしているのは間違いないと言えるのです。

## ＬＰＳは細菌の細胞膜にある凄い成分

ＬＰＳという物質は、細菌の細胞膜の成分だとお話ししましたが、その細菌は、グラム陰性細菌種のほうに属するものです（グラム陽性細菌種に属する菌のどの細胞膜にもＬＰＳは存在しません）。

当然ながら、グラム陰性細菌のグループには、ヒトに有用な菌も病原性の菌も含まれます。

グラム陰性細菌のうち、有用な菌としては、酢酸発酵に使われる酢酸菌、テキーラの発酵に使われているザイモモナス菌、食品増粘多糖であるキサンタンガムを産生するキサントモナス菌、食用植物に共生しカビの繁殖を抑えるパントエア菌などがあります。一方、病原菌としてはコレラ菌、サルモネラ菌などがそうです。

しかし、病原性の有無はＬＰＳとはまったく関係ありません。たとえばサルモネ

**LPSは環境中にある**

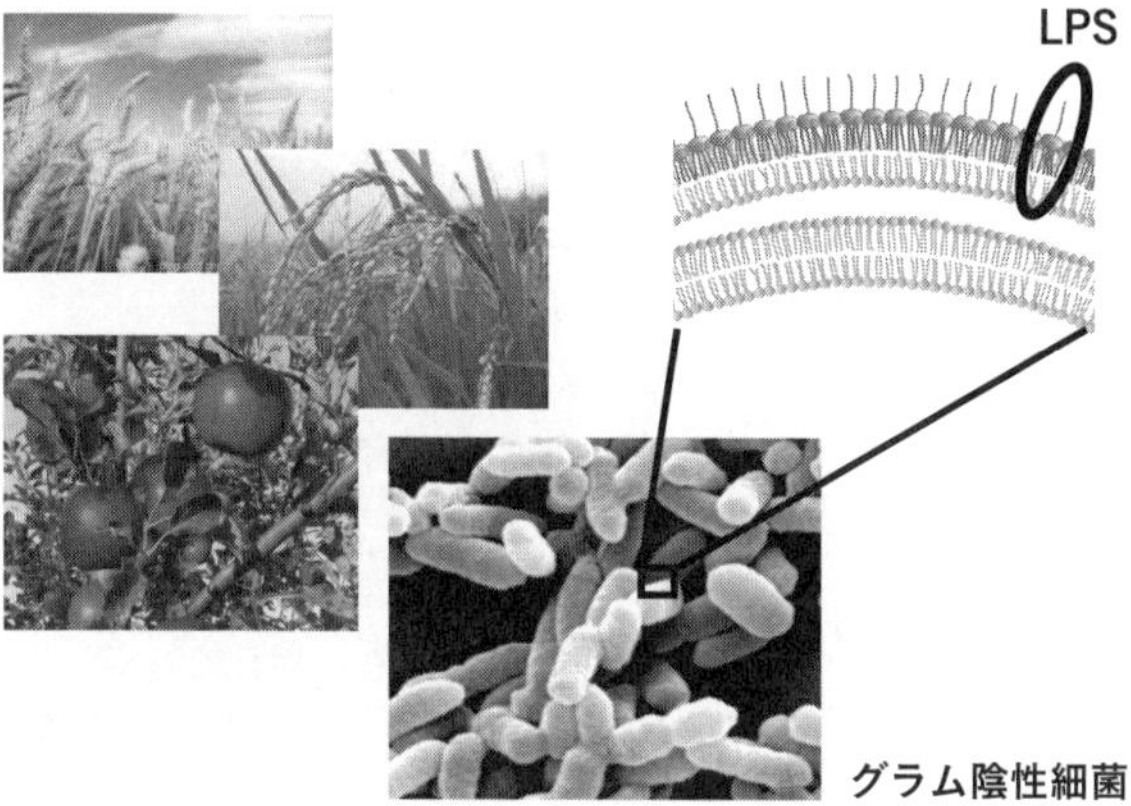


ラ菌の細胞膜からＬＰＳだけを取り出したとして、仮にそれを摂取したとしても、いっさい食中毒にはならないのです。

免疫を活性化する特性を、ひとえにＬＰＳは示すのみです。

ちなみに、私たち研究チームが採取し、培養に成功しているＬＰＳは、小麦由来のパントエア菌（グラム陰性細菌種）の細胞膜から抽出したものです。

グラム陰性細菌が棲む食用植物を対象に、食べることで人間の免疫を活性化する物質を探そうとした約30年にわたる研究の結果、ついに目的のＬＰＳに辿り着いたのでした。

そもそも細菌というものは土壌の中に数多くいます。

なぜなら、これら土壌の細菌は、植物が土壌に根を張って生きる上で不可欠な窒素やリンを、それぞれの根がたやすく取り込みやすい形に変換してあげています。土壌菌たちは植物の生育を助ける役目を担っているのですね。作物を作る際、細菌数が多いということが良い土壌の条件でもあります。

したがって土壌の細菌は、根菜にはもちろん、葉野菜、穀類にもたくさんついているわけなのです。海底の土から生えている海の中の海草においてもしかりです。

そして、こうした作物由来の細菌にはグラム陰性種も多いので、そこには当然ながらＬＰＳの存在があることになります。

食用植物についている細菌は、食べる前にたとえ殺菌されるとしても、細菌の成分であるＬＰＳは残っていますから、ＬＰＳは食用植物とともに自然と摂取されます。

## ＬＰＳは身近にある

穀類、野菜、海草……などなど。ＬＰＳは、たとえ目には見えずとも、身近なところに存在していることを、誰もが日頃からはっきり認識しながら暮らすことが大切ではないでしょうか。

なかでも、昔から体に良いとされてきた玄米はＬＰＳ量も豊富です。

穀類では細菌が表面に共生する関係上、ＬＰＳは表面に近いほうに多くなります。それゆえ精白米より玄米のほうがＬＰＳ量が多いわけですね。

最近、『金芽米』という名前のコメが、体に良いと人気を集めていますが、これらはコメの外皮側と白米側の間にある薄膜の亜糊粉層《あこふんそう》という部分を残して、ごわごわした外皮を取り除いたものです。なぜならこの層にもＬＰＳが多く含有されているからです。モゴモゴして食べづらい外皮を口に入れずに済んで、白米そのものの食感が味わえる上に、スムーズにＬＰＳも摂れる健康食品と言えましょう。

また、ＬＰＳはさまざまな漢方薬にも多く含まれています。

## 食用植物・漢方薬中のLPS含量

| サンプル | LPS含量（μg/g） |
|---|---|
| あした葉（粉末） | 13.8 |
| ゴーヤチップ（粉末） | 0.2 |
| 桑の葉（粉末） | 1.1 |
| 大麦若葉（粉末） | 0.5 |
| ケール（粉末） | 0.2 |
| ほうれん草（粉末） | 1.3 |
| ワカメ（乾燥） | 21.2 |
| メカブ（粉末） | 42.8 |
| クロレラ | 0.2 |
| ノコギリヤシ | 0.4 |
| キノコ菌糸体抽出物 | 0.8 |
| シイタケ末 | 2.0 |

| サンプル | LPS含量（μg/g） |
|---|---|
| 柿渋（発酵食品） | 17.1 |
| ホワイトソルガム粉 | 2.3 |
| 小麦フスマ | 8.8 |
| 小麦胚芽 | 7.5 |
| 発芽大麦ファイバー | 3.0 |
| ドクダミ（乾燥） | 5.5 |
| 玄米 | 10 |
| **漢防已（漢方薬）** | **600** |
| **人参（漢方薬）** | **50** |
| **柴胡（漢方薬）** | **40** |
| **甘草（漢方薬）** | **30** |
| **葛根（漢方薬）** | **30** |

※1μgのLPSはグラム陰性細菌10億個分に相当

## 米糠に含まれるLPS含量

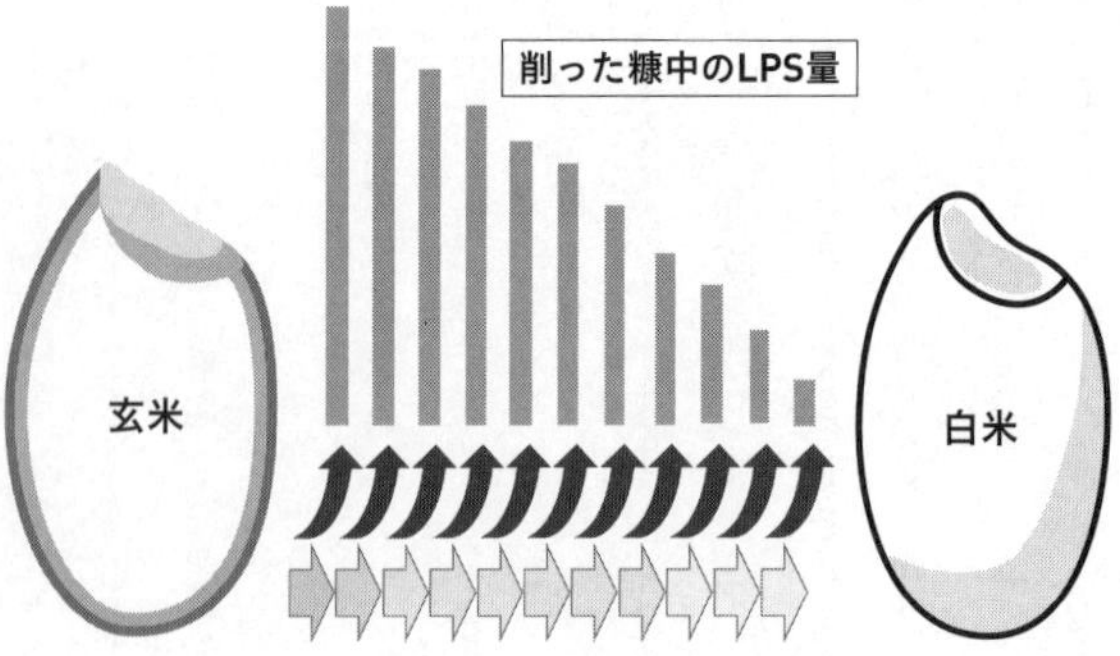

それら漢方薬は、もともとＬＰＳの含有率が多いものを選び集めて原材料としたわけではなく（なぜなら昔から用いられている漢方薬の処方に、新しいＬＰＳの知識が入るわけもありませんから）、長い歴史を持つさまざまな漢方薬を各々調べてみると、ほとんどのものに〝結果として〟ＬＰＳが多く含まれていた、と言えるのです。

なかでも『十全タイホ湯』については、有効成分がＬＰＳであるという論文も出ています*2。

## 環境の激変とＬＰＳ

環境中にもＬＰＳは存在します。

なぜなら、土が乾燥して風に舞うなどすれば、土壌中のＬＰＳも空気中に放たれることになり、各種の堆積物等も、やがては細かい粒子となって環境中に漂うからです。

ＬＰＳを含んだ空気をヒトは吸い、このような自然摂取もまた私たちの体に良い影響を与えている、ということが言えるのです。

ただし、私たちが生きる環境は、一昔前とは大きく違ってきています。

土の匂いが次々と消える一方の街。地面はコンクリートやアスファルトで覆われることが増え、緑は私たちの生活の場からだんだん離れていくばかりで、ＬＰＳ摂取の減少は否めません。

これまで私たちは病原性細菌との戦いにおいて、害を及ぼす細菌を排除するすべをいくつも見つけましたし、その技術の恩恵は計り知れないものがあります。

農薬を使うことで、虫や病原菌に侵されていない見た目の美しい野菜を、安定して栽培できるようになりました。けれども、それだけが目的になってはいないでしょうか。野菜のビタミンやミネラルが昔よりずいぶん少なくなっていることが指摘されているように、野菜本来の力が弱くなっていることは明らかです。

それよりも何よりも、植物の栽培に化学肥料を使うと細菌の種類が偏り、農薬を使うと細菌が死滅してしまうわけで、こういった化学物質の多用により、近年野菜についているＬＰＳ量は減ってきています。

さらに現代社会は、除菌、殺菌、抗菌……をよしとする風潮も強く、当然ながら、細菌も細菌由来のＬＰＳもますます自然摂取量が減っており、そうしたことが健康上のトラブルにつながっているのではないかと懸念されます。

## ＬＰＳが〝免疫のビタミン〟と呼ばれる理由

私たちが健康に生きるために必要不可欠なのにもかかわらず、昔に比べて不足しているものがあるならば、賢く補わないといけません。

細菌成分であるＬＰＳは、まぎれもなくそうした不足してきたものの一つだと思います。いつのまにか〝免疫のビタミン〟という別名でＬＰＳが呼ばれるようになっているのも、その存在の重要さを表しています。

〝免疫のビタミン〟とは、人間の免疫力を元気づける、あたかもビタミンのような

**LPSは免疫のビタミン**

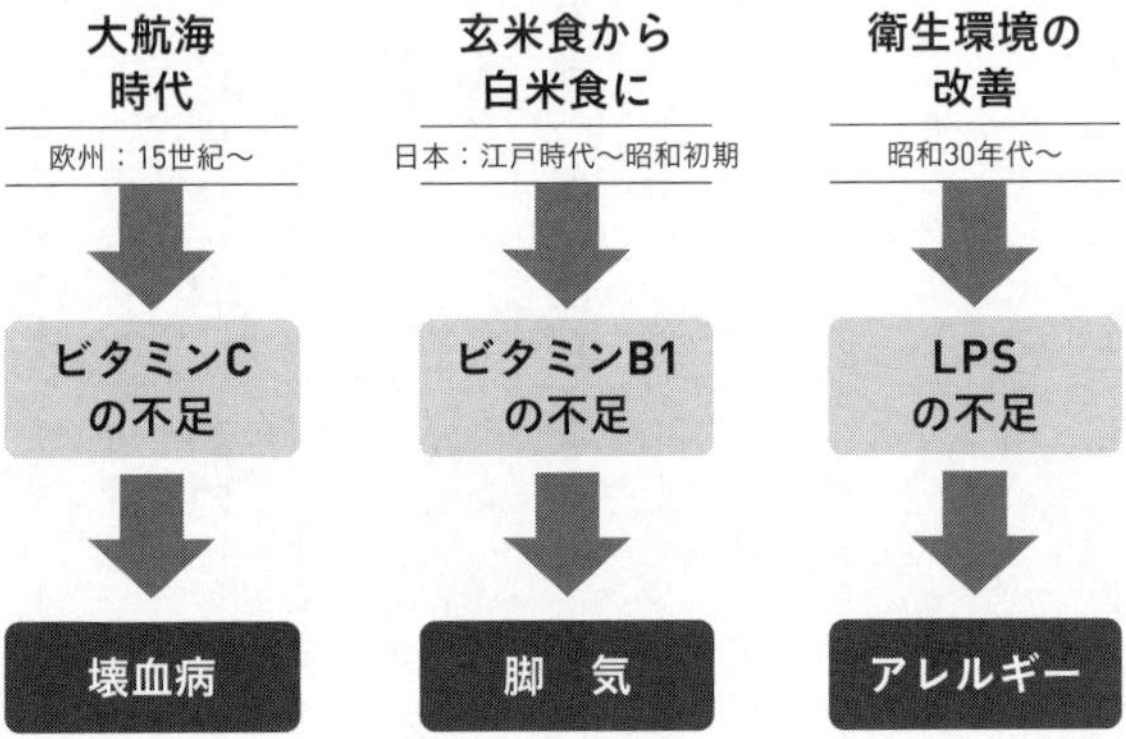


働きをしてくれる――といった意味ですが、そもそもビタミン自体、つい百年ほど前まで、世界の人々はそのような物質の存在には気づいてもいませんでした。

たとえば、ヨーロッパの大航海時代には、長い船旅で野菜や果物由来のビタミンCの摂取が不足して壊血病という病気が生まれ、日本では玄米食から白米食になった江戸時代後期からビタミンB1が不足して脚気という病気が生まれました。けれども当時はビタミンという物質がまだ発見されておらず、人類が本当の原因の究明に辿り着くまではずいぶん時間がかかりました。

ビタミンというものの知識が何もないままに、人々の生活環境や食生活が変わることでいつの間にかそれらの摂取量が減り、原因不明の病気が新たに生まれてきてしまった……実はそのような例は、今の社会環境とLPSの関係とも大変似ています。

実際のところ、近年、特に先進国でアレルギー疾患が増えている現状について、衛生環境が整うことにより、細菌成分とりわけLPSの自然摂取が減ったことが原因だとだんだんわかってきました。*3

LPSの有用性がようやく認知されるようになった今の状況は、ビタミンの発見とまさに同じような経緯を辿っていることに驚かされます。

念のため、ビタミンの定義とは次のようなものです。

①生物の生存・生育に必須な栄養素で、不足すると疾病や成長障害が起こる。
②体内で作ることができないので、外部から取り込む必要がある。

③炭水化物・タンパク質・脂質以外の有機化合物である。
どうでしょう、この①から③は、まるごとそのままLPSの定義にも実はぴったりあてはまります。この点からも、LPSは「免疫のビタミン」とも言える物質なのです。

## ■免疫を活性化させるLPS

グラム陰性細菌の成分であるLPSは、グラム陰性細菌の細胞壁の外側にぎっしりと埋め込まれた形で存在し、構造としては、糖と脂質が結合した形になっています。そこで英語でついている正式名が「リポポリサッカライド（Lipopolysaccharide)」。すなわち、「リポ」が脂質を表し、「ポリ」は〝連なった〟、「サッカライド」が糖質を意味しているわけです。すなわち、〈脂質に、連なった糖質がくっついているもの〉。その略が「LPS」であり、日本語では「糖脂質」あるいは「リ

## LPSの構造

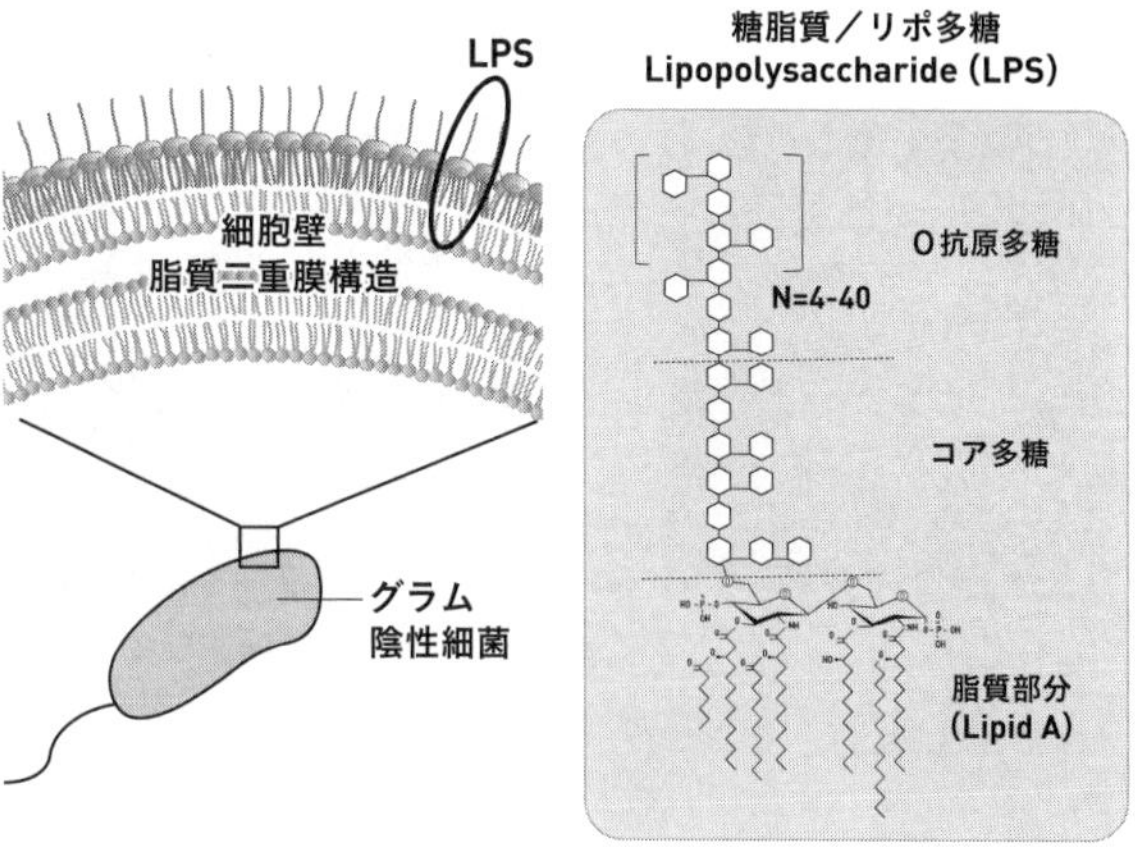


ポ多糖」という名前でも呼ばれます。

ご存じのように、糖部分は水溶性で、脂質部分は油溶性ですから、ＬＰＳは両方に溶ける、いわゆる両親媒性の物質です（通常のＬＰＳは、どちらかというと油より水によく溶ける傾向にありますが）。

いずれにせよ、ＬＰＳはヒトの体内になじんでスムーズに活躍できる性質を備えているのです。

さて、ＬＰＳの最も優れた生物活性は、免疫細胞であるマクロファージの

## LPSは免疫細胞を活性化する

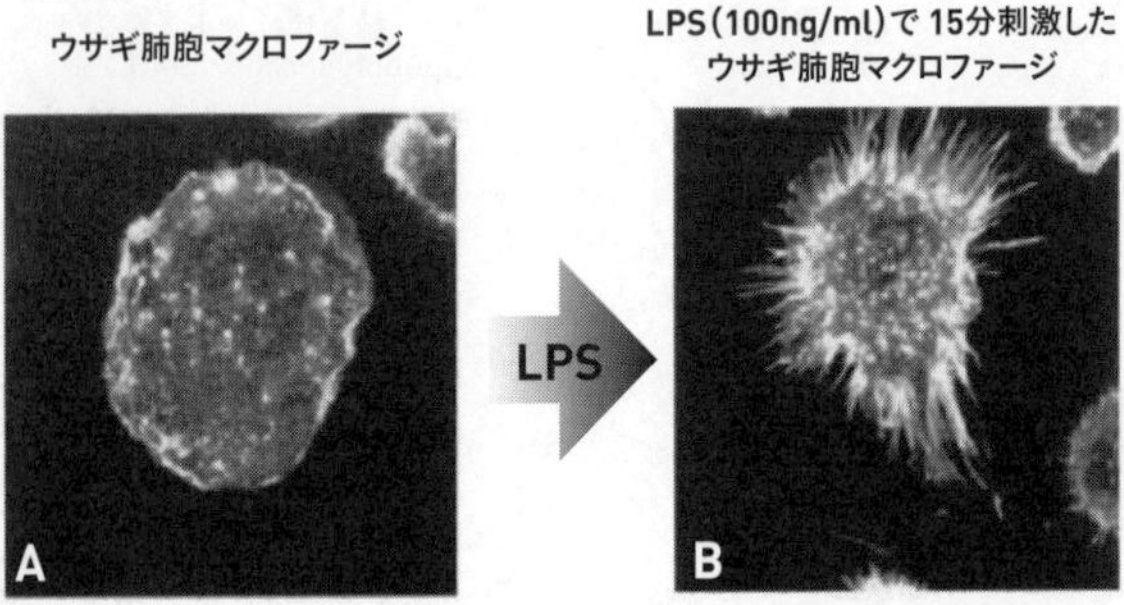


※写真は、J. Immunol 168:1389 1396(2002)から抜粋

活性化です。

血液の白血球内に広く存在するマクロファージは、自然免疫の中心的細胞で、細菌やウイルスから体を守ったり、傷の修復を助けたり、新陳代謝の調節に欠かせない働きなどをしています。

ウイルスが体内に入ってきた時、それを防御できる人と防御できない人に分かれます。それは、なぜかと言うと、免疫力が違うからです。

その免疫の役割を担っているのが血液の白血球で、主に、マクロファージとリンパ球や顆粒球です。

具体的には、体がウイルス等の侵入を許してしまうと、まずマクロファージが即座に出動。ウイルスに感染した細胞を見つけるやいなや〝食べて〟いきます。アメーバのような姿で機敏に動き回り、排除すべき異物を片っ端からムシャムシャ……。だからマクロファージには〝大食細胞〟という別名があるのですが、この最前線で〝敵〟を撃退することさえできれば、私たちの健康は保たれます。

この免疫を「自然免疫」といいます。

しかし、この第一段階で対応できない場合、マクロファージは、リンパ球に対して「こういう姿かたちのウイルスが侵入しているから、ウイルスを捕縛する抗体を作れ」という情報伝達かつ指令を出します。そうして発動するのが「獲得免疫」。

そうなると、体は発熱し始めます。

体がだるくて熱が出ているという状態は、リンパ球が出動していることを意味します。発熱して体温を上昇させることで、リンパ球の働きを活性化させようとするわけなのですね。

### 免疫には自然免疫と獲得免疫がある

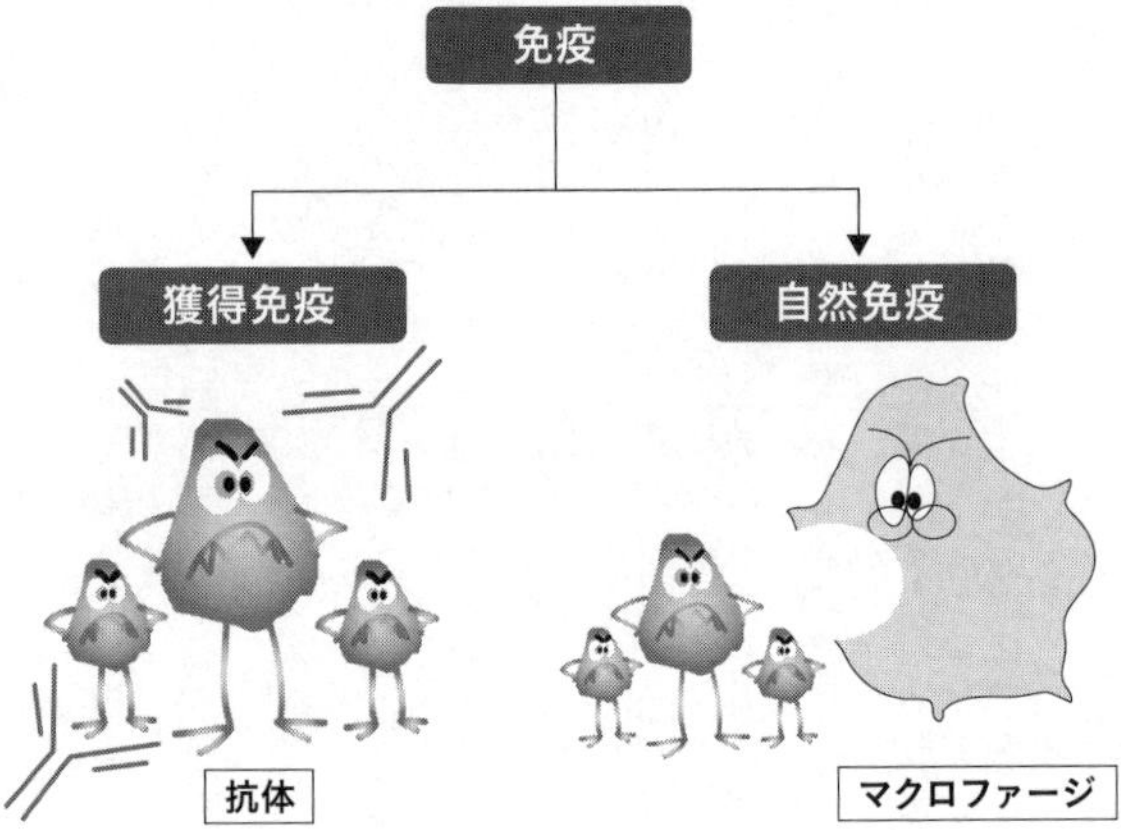


けれども、「獲得免疫」の段階に進むと、場合によっては炎症が長引いて慢性疾患になることもあります。回復が遅れる状態に陥らないためにも、体力の消耗を招くことはできるだけ避けたいところです。

大事なのは、マクロファージが最大限、前線で頑張っていてくれること――。そうすればリンパ球への救援指令にまで至ることなく、自分でも気づかないうちに、危機が通り過ぎているというもの。

とはいえ、どんなに健康体の人でも、

寝不足だったり疲労が蓄積するなどして体調はいつも万全とはいきません。もともと体が弱い方や高齢者の方などはなおのこと。

そう、そういう時こそ、ＬＰＳの真価が発揮されるわけです。

ＬＰＳはマクロファージに作用して、その機能をぐんとパワーアップさせます。

私は以前、『「病」になる人、ならない人を分けるもの』（ワニ・プラス刊）という本を著《あらわ》し、その分けるものこそがＬＰＳなのだということを述べましたが、健康の維持には、免疫細胞マクロファージを力強くサポートするＬＰＳの活躍いかんがポイントになるのです。

ＬＰＳは、マクロファージを活性化させながら、感染防御、創傷治癒、代謝調節の機能などをより高めてくれます。

そしてさらには今、毛細血管の増設や、皮膚組織への積極的な関与など、ＬＰＳが持つ新たな力が次々と解明されてきています（それらについては次章以降で）。

## 〝異物〟であるLPSが活躍できるのはなぜ

ＬＰＳといえども、外界からの異物に違いありません。

本来なら、細菌やウイルスと同様、侵入をブロックされ排除されてしまってもやむを得ないはずです。

それなのに、あたかもフリーパスを持っているかのようにＬＰＳは私たちの体でスーッと働く……。

それはいったいどうしてなのか。

ＬＰＳの存在と効果は突き止められていたものの、その細胞への取り込まれ方については、判明するまで長い間、疑問とされていました。

実は、マクロファージの細胞膜表面には、健康に有益となる特別な物質（たとえ外界からの〝異物〟であっても）を選別し、専用の受容体（＝レセプター、いわば「体内への入り口」）を通じて招き入れる仕組みがあるのです。

ヒトの場合、そうした受容体は計10種あり、そのうちＬＰＳにのみ対応するのは

### 微生物成分によるマクロファージの活性化

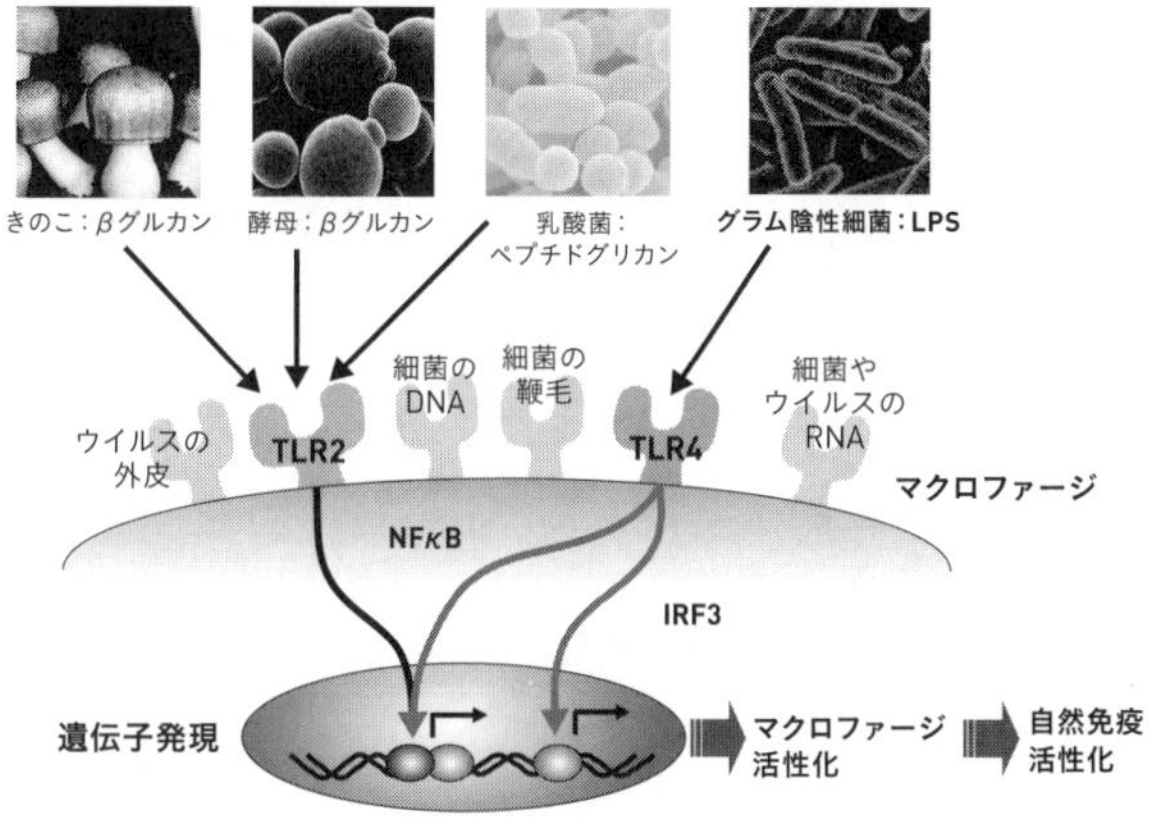


第4番（学術名「ＴＬＲ４」）だということがわかっています。[*4] あたかもピタッと合う鍵と鍵穴のように、ＬＰＳは「ＴＬＲ４」に結合することで、マクロファージの生理的活性化を誘導します。

その他、たとえば受容体の第2番「ＴＬＲ２」には、免疫活性化物質としてすでに知られているβグルカン（キノコや海藻などに含有）やペプチドグリカン（乳酸菌ヨーグルトなどに含有）が結合しています。

同じ活性化物質仲間なら、ＬＰＳと

入り口を分けなくてもよさそうなものですが、ＬＰＳが示す免疫活性パワーは、「ＴＬＲ２」系統が示すパワーよりはるかに大きく、なんと力価にすると１０００～１万倍にものぼるのです。

この圧倒的な免疫サポート力の差を、体が明確に峻別しているということなのでしょう。

巷で盛んに免疫強化を喧伝されて人気の乳酸菌ですが、同じ免疫増強効果を与えると仮定したならば、ＬＰＳは、その約１０００分の１のわずかな量でいいということになります。

この点は、もっと広く人々に認知されてもいいのに……と、長年ＬＰＳ研究に携わってきた者としては声を大きくしたいところではあります。

ただ、ＬＰＳと乳酸菌を同時に併せて摂り込んだ場合、強い相乗効果が生じることが、実験等で明らかになっています。

両方をある比重で混ぜると、ガンやウイルス感染症などを治すとされる「ＩＬ－12」という細胞性免疫を誘導して、マクロファージやＮＫ細胞の活性を高める活性伝達物質（サイトカイン）の産出量が、格段に上がることがわかったのです。

いわば、ＬＰＳと乳酸菌は、最強コンビという面も持ち合わせている——と、言えましょう。

今後の食生活においては、「ヨーグルトを摂る時にはＬＰＳを」「ＬＰＳを摂る時にはヨーグルトを」といったふうに、両方を同時に摂取する意識を持つようにしていただければと思います。

## マクロファージの活性化とは

ＬＰＳはマクロファージを活性化する——。

それはいったい具体的にはどういうふうに行われるのだろうと、疑問を持たれる人がいるかもしれません。

## マクロファージの活性化には段階と方向性がある

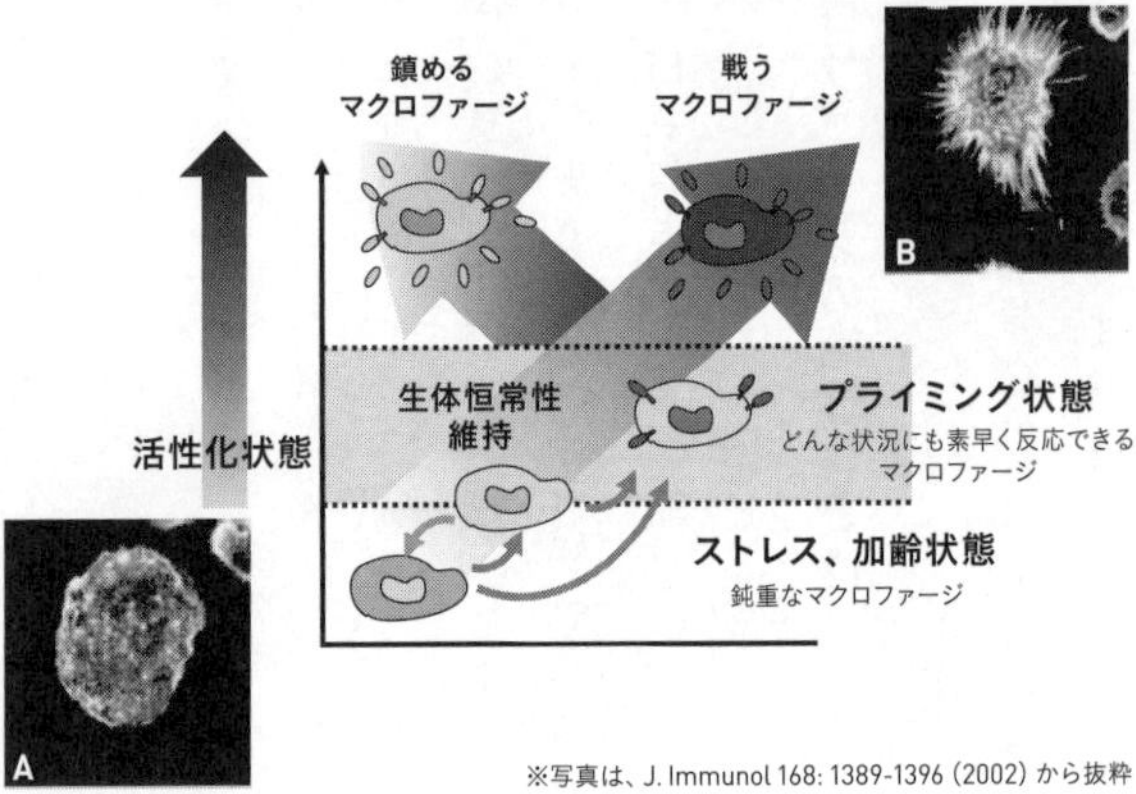


※写真は、J. Immunol 168: 1389-1396 (2002) から抜粋

できるだけ易しく、マクロファージの活性化について解説してみましょう。

まず図に示すように、マクロファージの活性化には、「段階」と「方向性」があります。

口から摂取したＬＰＳは、口腔から消化管の粘膜のマクロファージを活性化しますが、厳密に言えば、プライミング状態にまで活性化します。

プライミング状態とは、戦う相手が出てくれば「戦うマクロファージ」に、治癒させる現場があれば「鎮めるマクロファージ」に、素早く移行できるスタンバイ状態のことです。[*5]

ちなみに、プライミング状態から、「戦うマクロファージになる」か、「鎮めるマクロファージになる」か、「プライミング状態のままでいる」かは、接触する対象や仲間の免疫細胞が出す情報伝達物質によって違ってきます。

では、マクロファージをプライミング状態にすることに、どんな意義があるでしょうか。

マクロファージが働く状況というのは、

①体の中の存在すべきでない場所（たとえば、血液中や肝臓や肺などの臓器）に細菌やウイルスを見つけた時

②細菌やウイルスが感染して異常になった自分の細胞を見つけた時

③自分の細胞がガンの印を細胞膜に出している時

④自分の細胞が死んだ印を細胞膜に出している時

⑤酸化や糖化、切断を受けて、いびつになったタンパク質を発見した時
⑥他の免疫細胞から異物があるという信号を受け取った時

などです。

こういう状況に遭遇すると、マクロファージはまず「食べる（貪食といいます）」ということで対処し、必要とあらば、情報伝達物質であるサイトカインを分泌して、仲間の免疫細胞に状況を連絡します。

そこで重要なポイントとなるのが、なんといってもマクロファージが素早く対応してくれること。

たとえば、①から⑥のような状況において、戦う場合も、鎮める場合も、マクロファージの対応が遅れてはいけません。

そのためには、マクロファージが常にプライミング状態にあることが理想なのです。ところが往々にして、このマクロファージの状態が、低いレベルに落ちこみます。

### マクロファージ活性化と健康維持

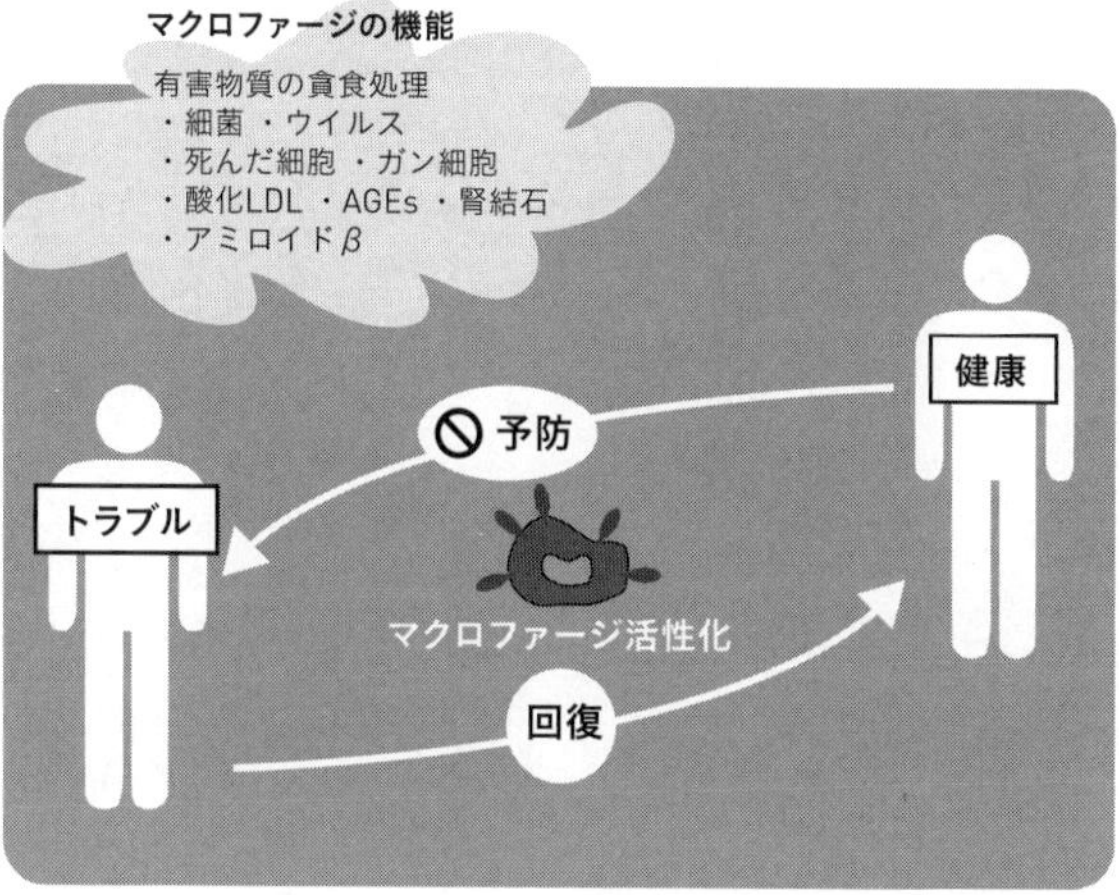


よく風邪をひく、怪我をするとなかなか傷が治らない、薬をもらっても良くならない病気がある……などというのは、マクロファージが率いる自然免疫力が低下している可能性があります。

一つ考えられる要因は、加齢です。そして、もう一つ大きいのは、ストレス。

実はマクロファージの〝天敵〟は、ストレスなのです。

マクロファージの生理活性はストレスに対して敏感に反応してしまう

ので、私たちがストレスを溜めると、免疫力の低下を招きます。

すなわち、外敵を迎え撃つための体制が鈍り弱まってしまうわけで、こうした弱点をカバーするためにも、LPSの存在はやはり欠かせないと言えるのです。

LPSは、ここぞという時にバックアップしてくれる物質であり、日頃からできる限りの摂取をぜひ心がけたいもの。

LPSを口から摂取することは、安全で有効なマクロファージの活性化（プライミング）の方法なのです。[*6]

## ■腸内細菌とも協働

腸内細菌の重要性について、このごろでは誰もが知っている時代となりました。

大腸内には、種類としては数万種類、数としては100兆個と言われる細菌が棲みついています。その内にはグラム陰性細菌類も含まれていますから、もちろんL

ＰＳも存在しています。

私たちの体を作っている細胞の数が37〜60兆個ということなので、腸内細菌の数がとても多いということがわかります。

腸内細菌の重量は、１・５〜２kgで、大便の水分を除いた重量の半分は細菌です。

ヒトはお母さんのおなかの中にいる間は無菌ですが、生まれるとすぐにさまざまな菌が環境から取り込まれて腸内に棲みつきます。

棲みついた菌は、我々との共生関係にあり、私たちにとってなくてはならない仕事をしてくれています。

たとえば、そのいくつかを挙げてみると――

▼「栄養分の消化・吸収を助ける」

食べすぎると太る糖ですが、ヒトの腸は、ひとつひとつバラバラの単糖しか吸収できません。だから多糖の状態のデンプンや砂糖は分解酵素によってバラバラにしてから吸収します。

またヒトの酵素では分解できない多糖は栄養・エネルギーにはなりません。難消化性オリゴ糖というのは数個の糖が連なった多糖ですが、ヒトが持っている酵素では分解できない形なので吸収されず太らないというわけです。

ただし、そういった多糖でも、腸内細菌が分解して餌としている場合があり、その余分が腸から吸収されてエネルギーになります。

## ▼「ヒトが作れないビタミンやホルモンを作る」

ビタミンと呼ぶためには、体内で作れないことが条件です。ですからビタミンCは、ヒトにとってはビタミンと言えますが、体内で作れるネコにとってはビタミンではない、というややこしいことになるのです。

では腸内細菌が作る場合はビタミンと呼ぶのかどうか。これは何とも難しいところですが、ともあれ、腸内細菌は、ビタミンB2、B6、B12、K、葉酸、パントテン酸、ビオチンなどを産生します。食事からの摂取量が少なくても、腸内細菌が補ってくれている場合もあるのです。

また、腸内細菌は、脳の働きに重要であるドーパミンやセロトニンというホルモンも合成しています（もっとも、腸内細菌が作るドーパミンやセロトニンが脳内にまで確実に運ばれているかどうかは、まだ科学的に明確ではありませんが）。

## 腸管免疫力も活性化

そしてもう一つ。

▼「免疫を活性化する」

ということも、腸は重要な仕事として担っています。

腸はもともと重要な免疫器官です。それもそのはずで、腸を含む消化管は、（口腔や肛門は外界に開いていていて）環境と直に接している場所ですから、食事や呼吸によって取り込まれる外来異物のうち健康にとって有害なものを常に監視し、排除する免疫機能が発達していなければならないのです。

その腸管免疫の活性は、腸内細菌の刺激によってもコントロールされます。それには、腸管免疫活性化のための刺激をきちんと与え得る健全な腸内フローラ（腸内細菌叢《そう》）が望まれるわけです。

理想的な腸内フローラの維持は、食事に大いに関係します。特に善玉菌の良い餌になる食物繊維が多いことが必須であり、ヒトの腸にはそれらは主に野菜や果物や海藻や穀類などの摂取により運ばれてきます。

そうした食事はまた、細菌成分も多いので、結果としてLPSも多く摂取することができます。そのLPSは、腸の免疫力を活発化するのです。

## 腸内細菌バランスのくずれと疾患

腸内細菌は、善玉菌、悪玉菌、日和見菌と区別されることもありますが、それほどスッパリと割り切れるものではありません。

体に良いというイメージが強い乳酸菌やビフィズス菌（ビフィズス菌も乳酸菌の一種です）についても、それらだけが腸内にいればいいかと言えば、そんなことはありません。

重要なのは、菌の多様性とバランスです。

腸内には、乳酸菌のようなグラム陽性細菌もいれば、大腸菌のようなグラム陰性細菌もいます。多様な菌によるさまざまな代謝活動や、細菌あるいは細菌成分による免疫の活性化が、私たちの健康を維持するためには必要なのです。

ある種の菌だけが幅を利かせるようになると体に異常が起こります。

腸内細菌のバランスのくずれは、うつ病、肥満、高血圧、不眠、動脈硬化、記憶障害などなど、あらゆる疾患の原因になると言われています。[*7]

近年、腸内細菌が健康維持に密接にかかわっていることがよく知られるようになりましたが、たとえば次のような実験報告が出ています。

### 腸内細菌がBMIを決定する?

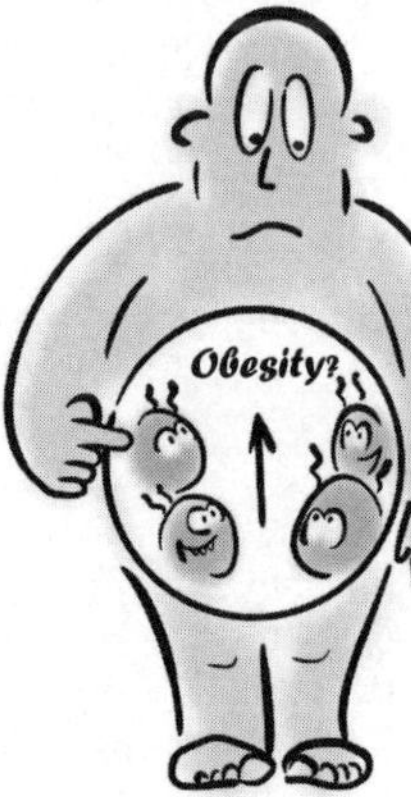


実験に使ったのは、片方が太っていて、片方が痩せている双子の糞便。

それぞれの糞便を無菌マウスに移植したところ、太った側の糞便を移植されたマウスは太り、痩せた側の糞便を移植されたマウスは太らないという結果になったとのことです。[*8]

体と腸内細菌の関係を如実に示していて興味深いと思いませんか。

また、クローン病や潰瘍性大腸炎などの難治性炎症性腸疾患に対し、健康な人の糞便（厳密には糞便に含まれている腸内細菌）を投与する治療が行われています。

この健康人の糞便移植は、うつ病や自閉症の改善にも効果があることがわかっています。

言うまでもなく、腸内細菌叢は食事によって良くも悪くも変わります。

ヒトの腸内細菌に関する別の調査研究では、肥満型のヒトは腸内細菌の多様性の減少が見られたそうです。

また、彼らの腸内細菌を詳しく調べたら、より多くのカロリーを食べ物から抽出する働きのある「フィルミクテス門」という種類の細菌が、相対的に多くなっていたとのこと。この傾向はおおよそ西洋型の食事習慣に原因があるという分析がなされ、食物繊維の摂取が多いほど腸内細菌叢の多様性が保たれる――と、この調査は結んでいます。*9

健康人であるために必要なのは、食物繊維の豊富な野菜や根菜や穀類の積極的な摂取。

それはとりもなおさず野菜や根菜や穀類にくっついているＬＰＳの摂取にもつながるものです。

現代日本人の食事は、昔に比べて確かに肉やバターや乳製品などが主になる欧米型に変化してきており、ただでさえ食用植物の摂取が著しく減少している傾向にあります。

肉ばかり、インスタントラーメン続き、あるいは甘いもの三昧……等々の偏った食事になるのを避け、バランスの取れた豊かな腸内環境を整える。そのことをぜひ多くの方に目指していただきたいと思います。

## LPSは腸内で〝自前の〟抗菌物質を誘導

感染症などの治療のために、抗生物質が薬として用いられることがありますが、服用すると、病原菌だけでなく、私たちの大事な腸内細菌も少なからずダメージを受けてしまうのをご存じですか。

そうやって腸内細菌がダメージを受けると、体内にある〝自前の〟抗菌物質が少なくなります。

〝自前の〟抗菌物質――。

## 抗生物質と耐性菌繁殖

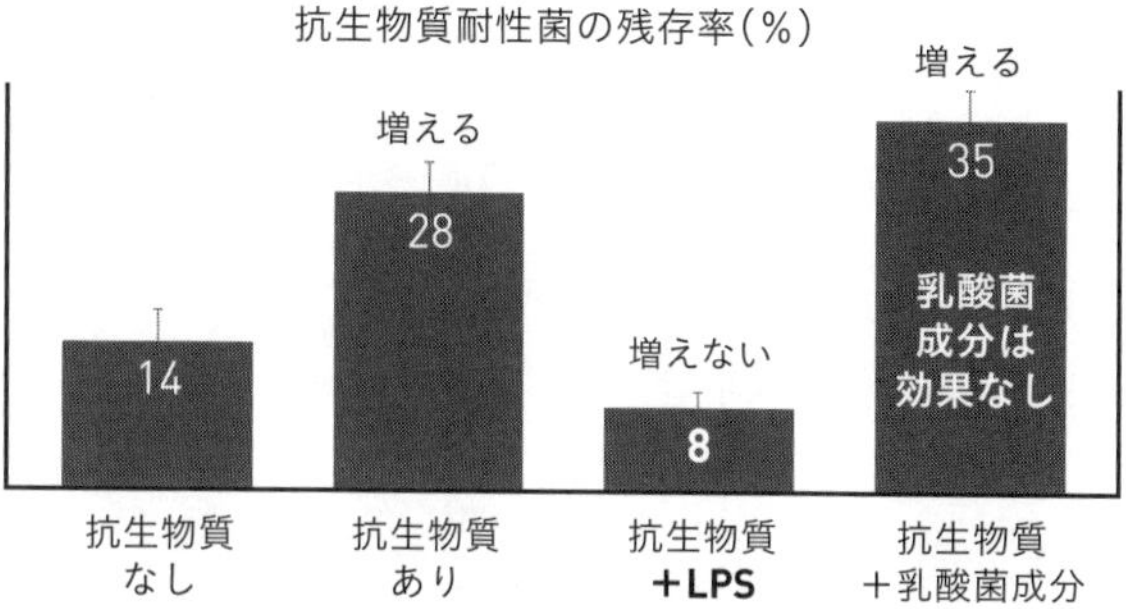


マウスにメトロニダゾール、ネオマイシン、バンコマイシンの複合抗生物質を飲水投与。同時にLPSまたはLTAを飲水投与した場合の、回腸でのバンコマイシン耐性エンテロコッカスの生存率を比較。

※図はNature 455: 804-807 (2008) から改変

初耳の方も多いかもしれません。

実は、私たちの体は自らの力で抗菌物質を産生することができるのです。

その〝自前の〟抗菌物質は、薬としての抗生物質では殺せない菌（抗生物質耐性菌）も殺す大切な作用を持っているのですが、腸内細菌の刺激によって作られます。

具体的には、腸内細菌のうちグラム陰性細菌由来のＬＰＳが、これら抗菌物質を誘導しているのです。

抗生物質の服用➡腸内細菌がダメージを受ける➡腸内細菌（ＬＰＳ）によ

って誘導されていた自前の抗菌物質が少なくなる➡その結果、体内にはがぜん抗生物質耐性菌が増えてしまう。

つまり抗生物質を服用すると、体は抗生物質耐性菌の台頭という怖い状態にさらされることになるわけです。

このリスクを避ける方法として、抗生物質を服用する際、同時にＬＰＳを経口摂取するのが効果的であることがわかっています。

すなわち、たとえ抗生物質により腸内細菌が死んでいても、ＬＰＳの投入で抗生物質耐性菌の繁殖が抑えられるという結果が出ています。[*10]

一方、グラム陽性細菌由来の成分では効果がありません。ですから、グラム陽性細菌である乳酸菌が入っているヨーグルトを食べても、こうした抗生物質耐性菌の繁殖を抑制する効果はないでしょう。

## 腸の「ぜん動運動」もＬＰＳがサポート

長さ7〜9ｍ、広げたなら表面積がテニスコート2面分（約４００㎡）もあるといわれる腸管は、私たちが食べた物を、ぜん動しながら消化・吸収する器官です。

「ぜん動」とは、腸管内容物を先へ先へと送る動きのこと。

腸がしっかり動かされることにより、食べた物は腸内をスムーズに動くことができ、たとえば善玉菌は餌の食物繊維を効率的に摂ることもできるのです。

ひいては腸内フローラの働きが増して、免疫機能も上がります。

活発な腸の動きが健康な体の基になるといっても過言ではありません。

便秘体質の人は、このぜん動がなかなかうまくいかず、便の排出に苦労することになり体の不調を招いたりするわけですね。

規則正しい便通は健康人のバロメーターですが、ここにもマクロファージが大きくかかわっています。

体のあらゆる組織・器官の恒常性の維持や感染防御や組織修復などに重要な働き

## 腸内細菌のLPSは腸をぜん動させる

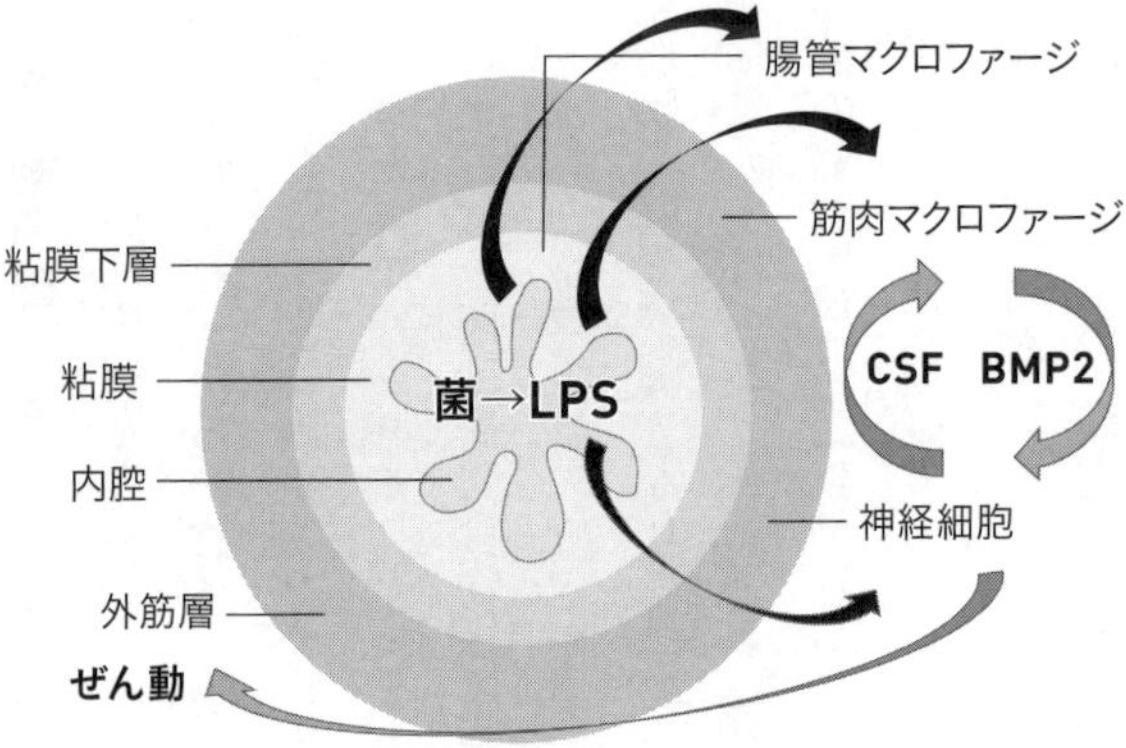


をしているマクロファージは、この腸管においては主に2種類の〝組織マクロファージ（それぞれの組織に特有のマクロファージ群）が存在。一つは腸管の内腔粘膜下に存在する「腸管マクロファージ」、もう一つは腸管を取り巻く筋肉に存在する「筋肉マクロファージ」で、これらが巧みな連係プレーをすることにより、腸管のぜん動運動が起こされるのです。

まず腸管内容物が腸管神経に働き、腸管神経細胞が腸管マクロファージを活性化。活性化された腸管マクロファージからは、腸管神経を介して筋肉マクロファージに働きかける情報伝達物質が出て、その結果、腸管の筋肉が収縮活動をする――という仕組み。[*11]

試しに腸管マクロファージと筋肉マクロファージの活性を抑制してみると、腸管のぜん動運動に異常が認められることからも、この連携仕事が裏付けられます。

ところで「腸管内容物」とは、すなわち腸内細菌のことで、具体的にはLPSを指します。

LPSは、この腸管のぜん動運動でも大事なカギを握っている物質であり、次のような報告もその証拠を示すものです。

2014年7月に発表された、ニューヨークのロックフェラー大学のポール・ミューラー博士らによる、腸管マクロファージと筋肉マクロファージの機能についての論文。その中で、腸管に存在するLPSが、筋肉マクロファージの働きに重要な役割を果たしていることがわかる実験例を示しています。

博士らは、腸内細菌が極端に少ないか、あるいは抗生物質を投与して腸内細菌が存在しないマウスや無菌マウスを用意し、腸管のぜん動運動が滞っていることを確認した後に、彼らに対してＬＰＳの経口投与を行ったところ、この障害は回復する結果を得たとのことです。

今後、ＬＰＳの活躍を含む腸内細菌からのシグナル、腸管神経、腸管マクロファージと筋肉マクロファージの連携プレーの解明がさらに進めば、便秘をはじめ、過敏性大腸炎などさまざまな疾患について、より新しい治療法が開発されることが期待されます。

## ■経口と経皮での摂取

実は、ＬＰＳという物質自体は、古くから免疫を活性化する作用がある存在として知られていたのですが、血液や臓器の中に注射器等で直接注入した場合には、活性化しすぎて炎症を起こすことだけがわかっていて、体内への安全で有効な摂り込み法についての研究は、長い間顧みられることがなかったのです。

けれども、時代が流れ、科学的知見が次々と更新され、あるいは覆され、さらにこれまで見られなかった現代病と言われる疾患が増えてくるなかで、細菌成分・ＬＰＳの価値も改めて見直されるようになりました。そして、その摂取法も、口から摂取したり皮膚につけたりするときには、危険でもなんでもなく、むしろ大いに健康に貢献しており、極めて有用な生理的機能を持っていることが、今では広く知られるに至っています。

私たち研究チームは、約30年前にはすでに、経口・経皮によるＬＰＳ摂取の有用性に気づいていました。だいたい、血液や臓器の中にＬＰＳを注射器で直接注入するという状況は現実的ではありません。炎症をあえて起こさせるそのような特異な場面は、どうすれば生じるというのでしょう。健康維持に必須とされる、たとえばカリウムや、食べて安全と言われる味噌・醤油といえども、液体に溶かして人体の血管に直接、注射器で注入したならば、それこそ命にかかわります。

そもそもＬＰＳは、この地球の環境中に普遍的に存在しており、健康食品に使われる食用植物や漢方薬にも含まれている物質なのです。[*12]

## ＬＰＳの安全性

ＬＰＳについては、染色体異常が起こらないこと、突然変異を誘発しないことなど基本的な安全性試験のほか、ＯＥＣＤ基準（国際的に合意された基準）で90日間の反復経口投与試験が行われています。

90日間の反復経口投与試験では、パントエア・アグロメランス由来のＬＰＳを雄および雌のラットに、１日に体重１kgあたり、５０００、１万５０００、４万５０００μg量を90日間投与しました。

その結果、血液学的にも、解剖所見としても、有害な臨床的兆候は見られず、体重、摂食量への影響も観察されないことが確認されました。[*13]

試験された量は、50kgの体重の人に換算すると、１日にＬＰＳを25万、75万、２

２５万μg摂取したのと同等の量となります。

私たちが健康維持のために推奨しているＬＰＳ量は、１日に５００μg程度なので、その４，５００倍を摂取させても、有害事象は見られなかったことになります。

ＬＰＳを経口・経皮摂取することでの毒性は見られないことから、環境との接点にあって常在細菌を有する腸管や皮膚の細胞は、ＬＰＳに対して体内の免疫細胞とは全く異なる応答をしていることは明らかです。

現在では、経口・経皮での有害事象はなく、自然摂取によってアレルギー抑制のほか種々の有益な生理作用を発現することも確認されています。*14〜16

ともかく、腸内や皮膚では炎症を起こすことなどないのであって、それどころか人間の免疫系を活性化するのは、まぎれもない事実です。

腸内や皮膚や環境中のグラム陰性細菌から供給されるＬＰＳは、私たちの健康を支えてくれている優れた物質。安心して、大いに口から摂り入れ、あるいは皮膚に塗布して摂取していただきたいと思います。

＊1 Bacteroides vulgatus and Bacteroides dorei Reduce Gut Microbial Lipopolysaccharide Production and Inhibit Atherosclerosis, Circulation 2018; 138:2486-2498. DOI: 10.1161.

＊2 Uncovering potential, herbal probiotics, in Juzen-taiho-to through the study of associated bacterial populations, Bioorganic & Medicinal Chemistry Letters 25 (2015) 466–469

＊3 Eenvironmental exposure to endotoxin and its relation to asthma in school-age children, The New England Journal of Medicine 347 (12) : 869-877 (2002)

＊4 Endotoxin recognition molecules, Toll-like receptor 4-MD-2, Seminars in Immunology 16: 11-16 (2004)

＊5 Alveolar macrophage phagocytic activity is enhanced with LPS priming, and combined stimulation of LPS and lipoteichoic acid synergistically induce pro-inflammatory cytokines in pigs. Innate Immun 19: 631-643 (2013)

＊6 Oral administration of lipopolysaccharides for the prevention of various diseases: benefit and usefulness. Anticancer Res 31: 2431-2436 (2011)

＊7 『「腸の力」であなたは変わる（デイビッド・パールマター）』三笠書房

＊8 Cultured gut microbiota from twins discordant for obesity modulate adiposity and metabolic phenotypes in mice, Science 341 (6150) (2013)

＊9 Diet-induced extinctions in the gut microbiota compound over generations Nature, 529: 212-215 (2016)

＊10 Vancomycin-resistant enterococci exploit antibiotic-induced innate immune deficits, Nature 455: 804-807 (2008)

＊11 Crosstalk between Muscularis Macrophages and Enteric Neurons Regulates Gastrointestinal Motility, Cell 158: 300-313 (2014)

＊12 Homeostasis as regulated by activated macrophage. II. LPS of plant origin other than wheat flour and their concomitant bacteria. Chem Pharm Bull (Tokyo) 40 (4) : 994-997 (1992)

＊13 Subchronic (90-day) toxicity assessment of Somacy-FP100, a lipopolysaccharide-containing fermented wheat flour extract from Pantoea agglomerans. J Appl Toxicol.1–11 (2020)

＊14 Applications of lipopolysaccharide derived from Pantoea agglomerans (IP-PA1) for health care based on macrophage

network theory. J Biosci Bioeng 102 (6) : 485-496 (2006)
＊15 Vancomycin-resistant enterococci exploit antibiotic-induced innate immune deficits. Nature 455 (7214) : 804-807 (2008)
＊16 Commensal microflora induce host defense and decrease bacterial translocation in burn mice through toll-like receptor 4. J Biomed Sci 17: 48 (2010)

# 第2章

# 皮膚や口腔でも活躍するＬＰＳの力

## ■皮膚常在菌と力を合わせて

多様な細菌によるさまざまな活動が、私たちの体にメリットをもたらしていますが、あなどれないのは腸内細菌だけではなく、皮膚に存在する皮膚常在菌も同様に重要です。

皮膚の細胞は、腸内細菌がいる腸の細胞と同じく、細菌に過剰反応して炎症を起こすことはありません。

口と肛門を末端として土管状の管になっている腸が〝体の外側〟だと位置づけられるように、皮膚もまた外界に直接さらされています。ですから、細菌が数多《あまた》いるのは当たり前であって、むしろ細菌がいて、その刺激を受けることで皮膚細胞の営みが正常に働くのです。

腸内細菌の重要性についての認知に続き、最近では皮膚常在菌の重要性に特に注目が集まってきています。

## 多種多様な皮膚常在菌

私たちの体を覆っている皮膚の面積は、成人の平均で１・６㎡。畳１畳分ぐらいあります。ここに１㎠あたり、１０００個から多い所で10万個くらいの細菌が棲んでいます。

皮膚にもグラム陰性細菌とグラム陽性細菌が常在しており、全体としてグラム陽性細菌のほうが多いのですが、場所によってバランスは異なります。

皮脂が多い皮膚ではプロピオニバクテリア（＝アクネ菌、グラム陽性細菌）や表皮ブドウ球菌（グラム陽性細菌）が多く、湿った皮膚では表皮ブドウ球菌や黄色ブドウ球菌（グラム陽性細菌）やコリネバクテリア（＝放線菌、グラム陽性細菌）が多く、乾いた皮膚ではプロテオバクテリア（グラム陰性細菌）やフラボバクテリア（グラム陰性細菌）の割合が多くなります。[*1]

代表的な皮膚常在菌として、アクネ菌、表皮ブドウ球菌、黄色ブドウ球菌の作用を見てみましょう。

■アクネ菌

ニキビの原因菌として知られる菌ですが、決して悪玉菌というわけではありません。

毛穴や皮脂腺に棲み、皮脂を餌としており、皮脂をリパーゼという酵素で分解し、脂肪酸（抗菌作用あり、弱酸性）とグリセリン（保湿作用あり）を作る働きをしています。その結果、皮膚を弱酸性に保ち、潤いを与える働きをしてくれているのです。

ただし偏性嫌気性、つまり空気がないところを好み、そこで増殖します。ですから、毛穴が皮脂で詰まって空気がなくなると増えすぎてニキビになるのです。

■表皮ブドウ球菌

ブドウの房のように細菌が集団を形成するのでブドウ球菌と呼ばれます。

酸素があってもなくても増殖できます。表皮ブドウ球菌は、病原性がないわけではありませんが、非常に弱いものです。表皮ブドウ球菌は皮膚表面や毛穴に棲んでいます。

この菌も汗（アルカリ性）や皮脂を餌にしつつ、保湿成分である脂肪酸やグリセリンを作り、肌を弱酸性に保って潤いを与えます。

また、抗菌ペプチドを産生して、〝トラブルメーカー〟になりがちな黄色ブドウ球菌の繁殖をけん制しています。

## ■黄色ブドウ球菌

表皮ブドウ球菌と同様、皮膚表面や毛穴に存在します。ブドウ球菌のなかでは病原性が強いのですが、通常の数では全く問題がありません。しかし、皮膚がアルカリ性に傾くと増殖して皮膚炎などを引き起こします。普段は何もしないけれども増えすぎるとトラブルを招く菌なのです。

たとえば、アトピー性皮膚炎では、黄色ブドウ球菌が異常増殖して症状を悪化させます。

## 常在菌のバランス維持が大切

皮膚常在菌のなかには、少々都合の悪い菌もいますが、常在細菌のバランスが保たれている限り、肌トラブルは起きません。この点は、多種多様な細菌によるバランスの取れた腸内細菌叢（腸内フローラ）が健康維持を担ってくれているのと同様です。

皮膚常在菌のバランスの維持を心がけるようにしながら、各常在菌を大事にしましょう。

そのためには、清潔にすることは重要ですが、神経質に洗いすぎるのも考えものです。男性も女性も、石鹸で顔を洗うのは夜だけで十分です。

肌表面の皮脂が少なくなると、黄色ブドウ球菌をけん制する表皮ブドウ球菌が減ります。

また、肌が石鹸でアルカリ性に傾くと、アルカリ性を好む黄色ブドウ球菌やマラセチア（細菌ではなくカビの一種）が繁殖しやすくなるのです。

## 皮膚の常在菌

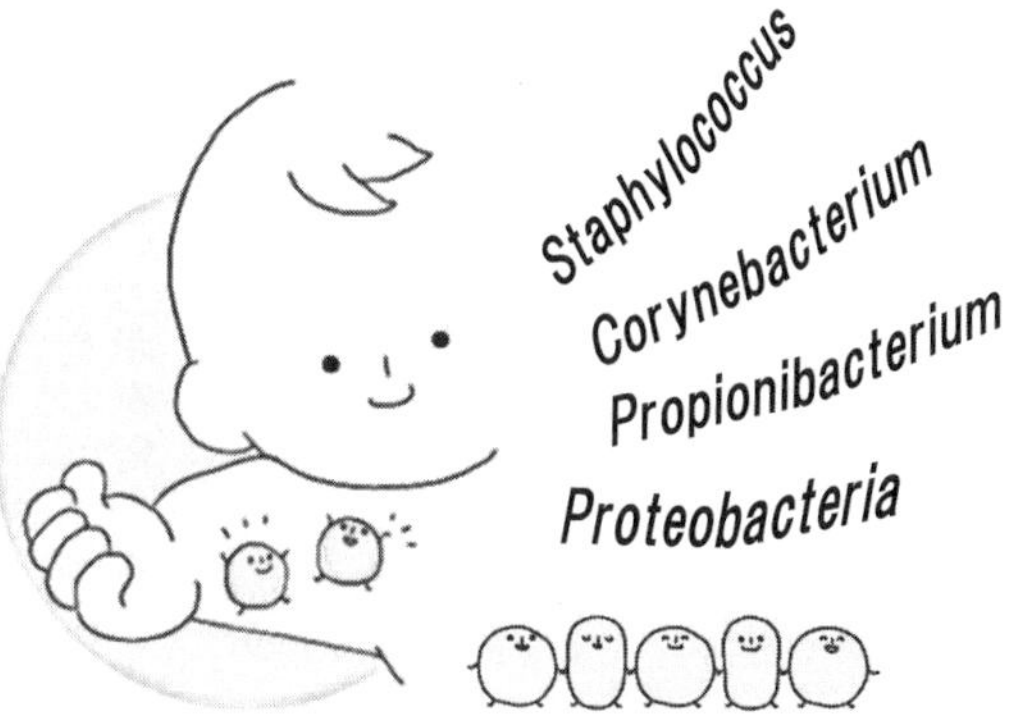


化粧品に含まれる防腐剤も要注意。

防腐剤は、開封して1カ月ぐらいは使う化粧品に、雑菌やカビが繁殖しないようにという配慮で加えられるものであって、入っているものが危険ということは絶対にありません。ヒト細胞にとって危険なものは、化粧品に配合することが許可されていないので安心してください。

けれども、防腐剤に、皮膚常在菌へダメージを与える作用があることは知っておいてよいと思います。

特にグラム陰性細菌のほうが、防腐剤に

弱いようです。*[2]

## 皮膚の健全さのカギを握るもの

さて、腸内と同様、皮膚にも存在しているグラム陰性細菌種。その有用性に関する研究報告が、さまざま出ています。

たとえば、アトピー性皮膚炎患者は健常人に比べて皮膚にグラム陰性細菌が少ないことを明らかにし、健常人の皮膚から採取したロゼオモナスという良性のグラム陰性細菌を、アトピー性皮膚炎患者の皮膚に移植したところ、アトピー症の改善が見られた――とのこと。*[3・4]

アトピー症すなわちアトピー性皮膚炎（ＡＤ）は、湿疹病変と、激しいかゆみを伴うアレルギー性の皮膚疾患です。その有病率は、小児では15～20％、成人では1～3％と推定されており、先進国では過去数十年間で2～3倍に増加しています。*[5]

興味深いことに、アトピー性皮膚炎の患者の皮膚にもロゼオモナスはいるのですが、患者のロゼオモナスでは疾患の改善は見られません。

おそらく患者のロゼオモナスは代謝上何らかの欠陥があるのではないかと言われています。

また、別の報告では――。

軽度あるいは寛解期のアトピー性皮膚炎患者においては、症状を悪化させないための日常的スキンケアが非常に重要なのですが、アトピー性皮膚炎の悪化予防に寄与するスキンケア原料として、温泉から採取されたヴィトレオシラというグラム陰性細菌の溶菌液が、アトピー性皮膚炎の抑制と改善に効果があったそうです。[*6]

これらの報告の共通項は、グラム陰性細菌がアトピー症の改善にかかわっているという点。

注目すべきは、ヴィトレオシラの例では、生きた細菌の活動ではなく、菌の抽出物、すなわち死んだ細菌で試験して結果を得ていることです。

ヴィトレオシラというグラム陰性細菌には、間違いなくＬＰＳがふんだんに含まれています。そして、それこそが、アトピー性皮膚炎の改善に一役買っていると考えられるのです。

つまり、腸内ばかりでなく皮膚においてもＬＰＳが活躍している可能性が大であり、肌の健全さを保つカギもまさにそこにあると思われるのです。

## ＬＰＳ配合クリームのアトピー症改善効果に期待

いろいろな研究報告が示すように、アトピー性皮膚炎では、グラム陰性細菌やその成分が、肌の状態を改善することがわかってきました。

研究報告のなかには、生きた良性のグラム陰性細菌を移植するという方法を試みたものもありますが、やはり菌が生きている限り異常増殖の危険性はありますので、グラム陰性細菌の成分であるＬＰＳを使うほうがより安全と言えます。

基礎化粧品の部類である保湿クリームは、刺激性原料を含まない限り、軽度アトピー性皮膚炎患者のスキンケアに役立つわけですが、そのクリームにＬＰＳを配合することで、かゆみの改善に効果が期待できます。

こうした方策を後押しする動物実験も発表されているのでご紹介しましょう。

Ｎｃ／Ｎｇａマウスにダニ抗原を塗ってアトピー性皮膚炎を誘導する実験系で、ＬＰＳの飲水投与は、血清中のＩｇＥ、ペリオスチン、ＴＡＲＣ／ＣＣＲ７（thymus and activation-regulated chemokine）を減少させるとともに、アトピー性皮膚炎の症状を抑制することが報告されています。[*7]

ＩｇＥはアレルギーを引き起こす種類の抗体。ペリオスチンは炎症の慢性化・増悪に関係して増加するタンパク質。ＴＡＲＣは炎症誘導に働く因子です。

ＬＰＳの摂取がこれらの因子を抑制することから、ＬＰＳがアトピー性皮膚炎を鎮静化させていることがわかります。

また、ＬＰＳの皮内投与がＩｇＥ依存型アレルギー試験系において、マウスの耳《じ》介《かい》の浮腫を抑制することが示されています。[*8]

これらの結果は、ＬＰＳに抗アレルギー作用および抗炎症作用があることを示唆

## ダブルブラインド試験とは

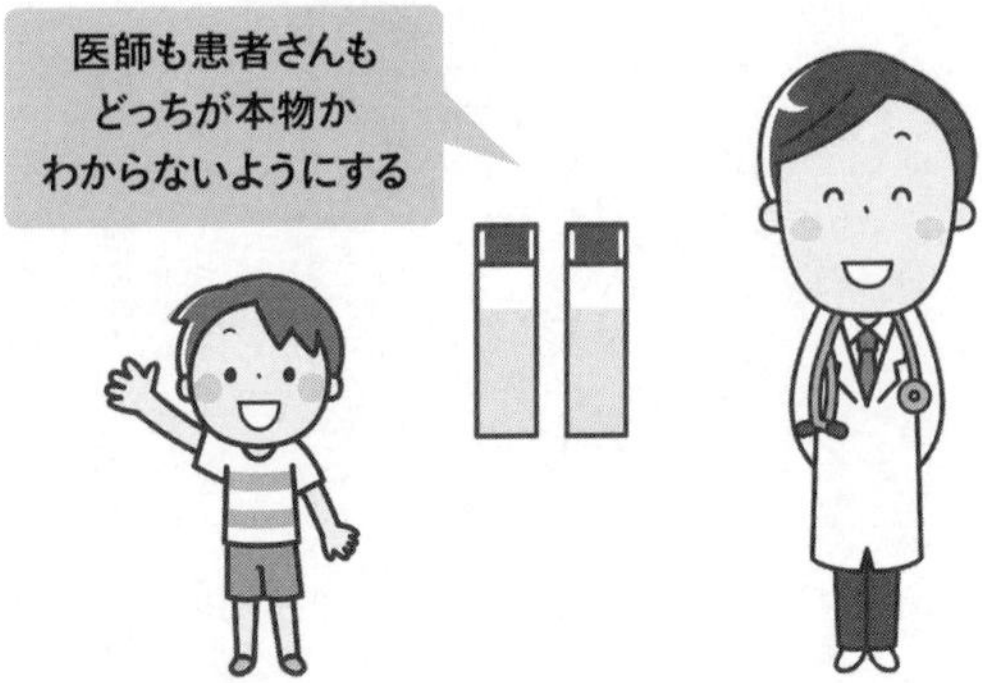
医師も患者さんも
どっちが本物か
わからないようにする

しているものです。

さらに、マウスではなくヒトで効果をはかる臨床試験も行われました。

それは私たちの研究グループが行ったもので、軽度アトピー性皮膚炎の患者を対象として、LPSを配合した保湿クリームとそのプラセボを使った、ダブルブラインドでの試験です。*9

ダブルブラインドとは、試験に参加する患者さんも医師も、本物とプラセボ（本物に似せた偽物）のどちらを使っているかわからないようにして行う臨床試験方法で、精神的な

## アトピー性皮膚炎改善ダブルブラインド試験含量

| | | |
|---|---|---|
| 試験品 | プラセボ | コントロールクリーム |
| | 実薬 | パントケアバランシングクリーム(LPSp:2μg/g) |
| 被験者 | 対象 | 病院でアトピー性皮膚炎の治療を行い、<br>ステロイドの使用をやめる段階になった人 |
| | 年齢 | 不問 |
| | 人数 | 32人(16人×2群) |
| 試験方法 | 種類 | 無作為割付、ダブルブラインド |
| | 摂取 | 1日2回塗布 |
| | 期間 | 4週間 |
| 評価方法 | 医師による問診、EASIスコア判定(医師評価)、<br>かゆみ、皮膚の状態に関するVASスコア(自己評価)<br>QOLに関するDLQIスコア(自己評価) | |
| 調査機関 | 香川県内の13病院、医院<br>香川大学医学部皮膚科医師の協力 | |

要素が入らないため信頼性が高くなります。

この試験では、軽度のアトピー性皮膚炎がある患者さんに、ＬＰＳを配合した保湿クリームまたはそのプラセボを無作為に渡して、ダブルブラインドで４週間継続使用してもらいました。

この間、皮膚科医によるＥＡＳＩスコア評価（Eczema Area and Severity Indexの略。世界的に頻用されているアトピー性皮膚炎評価指標の一つで、体全体の他覚的なアトピー性皮膚炎重症度を表します）、自己による「かゆ

## 皮膚の状態の推移（VAS解析）

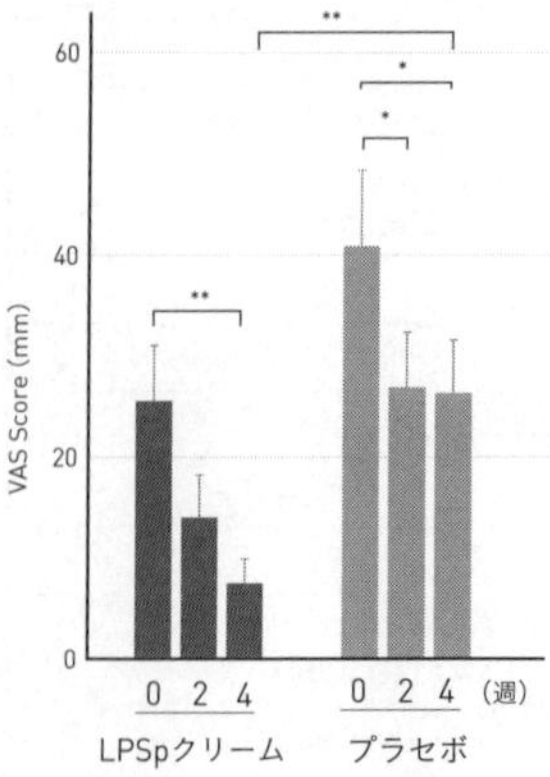


## EASIスコアの推移

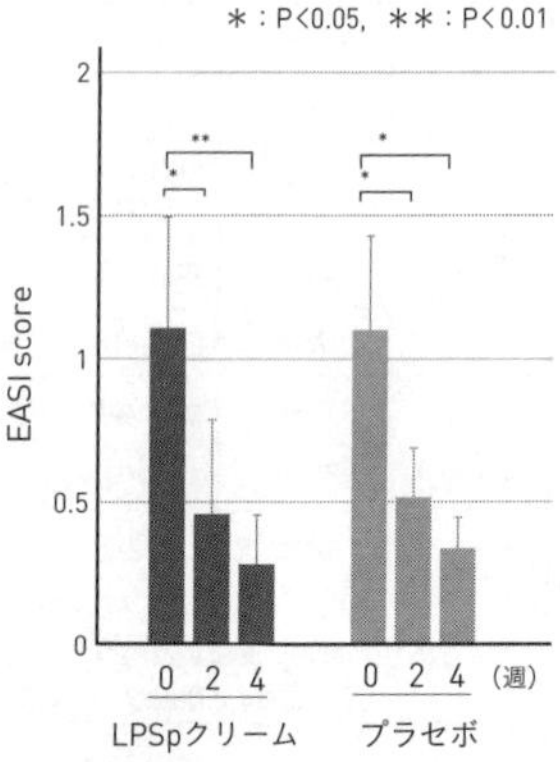


## かゆみの状態の推移（VAS解析）

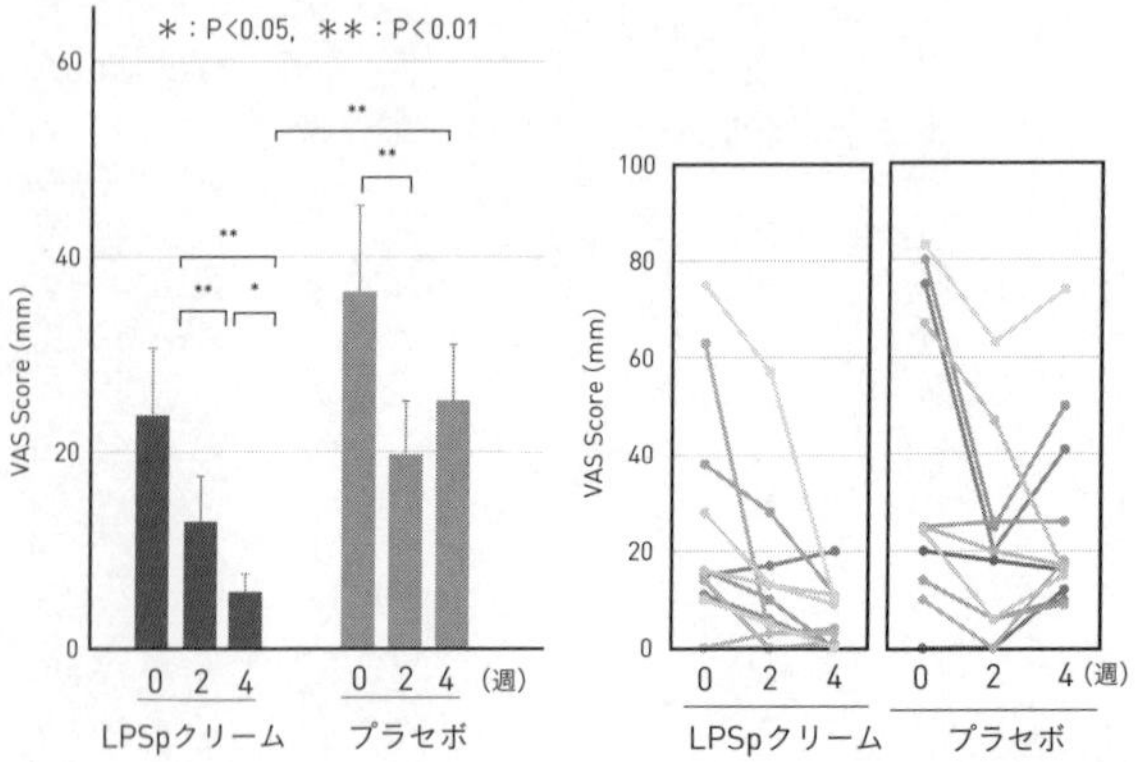


in vivo 33: 109-114（2019）

み」と「皮膚の状態」のＶＡＳ（Visual Analogue Scaleの略。ある症状の良し悪しを物差しの目盛りに割り当てて、数字として評価する方法です）、それぞれの評価を行いました。

その結果、ＬＰＳ保湿クリームを使った群とプラセボ保湿クリームを使った群では、ＥＡＳＩスコアについて差は見られなかったものの、「かゆみ」と「皮膚の状態」のＶＡＳスコアについては、ＬＰＳクリーム群のほうがプラセボ群よりも、統計的な有意差をもって軽減されていました。

ＥＡＳＩスコアについて統計的に有意な差が出にくいのは、アトピー症状が全身に出ている人と、局所にしか出ていない人が交ざっている場合、平均誤差範囲が大きくなってしまうためです。

これに対してＶＡＳはその人にとっての最良と最悪の中での変化を見るので、傾向がつかみやすいと言えます。

この試験の結果から、ＬＰＳを配合する保湿クリームは、軽度アトピー性皮膚炎患者の症状の寛解とその維持を助ける日常的スキンケアに有効であることが示唆されています。

元来、アトピー性皮膚炎に対し一般的に用いられる抗炎症剤としては、通称ステロイドと呼ばれている薬がありますが、これは体の中で作られる副腎皮質ホルモン（コルチゾール）を利用したものです。

ステロイドは強力に炎症を抑える効果がある反面、長い期間使用すると、皮膚が薄くなったり、骨粗しょう症や高血糖、感染症など、いろいろと副作用も引き起こしてしまうデメリットが知られています。

こうした副作用がなぜ生じてしまうのか。それは免疫細胞がアポトーシスと呼ばれる細胞死を誘導させることが関係していて、ステロイドによる細胞死はマクロファージにも及ぶからです

しかし、マクロファージをＬＰＳで活性化しておいたならば、その細胞死を防ぐ

ことができるという研究結果が出ています。[*10]

報告によれば、骨髄細胞をマクロファージに分化させて、デキサメタゾン（合成ステロイド）と培養。この場合、普通はマクロファージの約30％がアポトーシス（細胞死）してしまう。けれども、ＬＰＳで活性化しておくと、マクロファージの細胞死はほとんど回避された——と。

その仕組みはこうなっています。ステロイドが働くためには、受容体と結合する必要があります。一方、体にはステロイドの働きを抑制するタイプの受容体も存在しています。実は、ＬＰＳで活性化しておくと、ステロイドが働くための受容体が減り、抑制型の受容体が誘導される可能性が示唆されているのです。

つまりＬＰＳは、ステロイドの作用をブロックする受容体を増やすことで、ステロイドの手ごわい副作用を抑え、良い効果だけを発揮させることができるというわけですね。

ＬＰＳとステロイドの併用による、アトピー皮膚炎症のさらなる改善効果が期待されます。

## 米糠洗顔や泥パックが人気の理由

アトピー性皮膚炎の症状悪化には、黄色ブドウ球菌が皮膚で異常増殖することも大きな要因です。

黄色ブドウ球菌はグラム陽性細菌グループに属す菌ですから、菌バランスを保つためにも、ここはグラム陰性細菌グループの勢力を強めなければなりません。

つまり、アトピー性皮膚炎などをはじめとする皮膚トラブルを招かないためには、グラム陰性細菌グループ、すなわちLPSの存在が重要視されるところです。

しかしながら、第1章でもお話ししたように、畑の作物においても、現代社会では農薬や化学肥料などの多用による弊害で、細菌（細菌由来のLPSも）の自然摂取量が減っている状況にあります。

環境中のLPSが期待される野山や林も、開発の波などで減り続けており、私たちが自然に摂取するＬＰＳは少なくなる一方です。

ドイツ・ミュンヘン大学のムチウス博士らが行った疫学的な調査によれば、「幼児期におけるＬＰＳの自然摂取の低下」と「アレルギーの発症」が〝逆相関〟している、という結果が出ています。*11

こうした背景のなか、２０１８年に開催された国際化粧品技術者会主催の国際学会にて、肌状態が良いヒトは農場や植物に棲む菌を多く持っている――という興味深い発表がなされました。併せて、これらの菌の一種が実際に肌を改善する作用を持っているということの発表も。森林浴や農場訪問など、休日のアウトドアが、気分転換だけでなく、環境中の菌を介して肌にも良い影響を与えているというこの報告は、世界中から注目を集めました。

環境中の菌――そこにＬＰＳが含まれるのは明らかです。

たとえば、「肌美人になれる」と昔の女性たちが行ってきた米糠《ぬか》での洗顔や泥パック。最近では化粧品メーカーから若い女性をターゲットにした可愛い容器入り商品も売り出されて、人気を集めているようですが、米糠や泥というのはＬＰＳを含んでいるので、まさに理に適ったものなのですね。

考えてみれば、たとえば花粉症やアトピー症などなど、ヒトのアレルギー・トラブルは、つい五、六十年前には、聞かれなかった話ではないでしょうか。

ということは、それ以前はヒトの体へのＬＰＳ供給が足りていたはず。そういう想像が成り立ちます……。

すでに健康食品の分野では、ＬＰＳのサプリメントも売り出されるようになっていますが、いずれにせよ、現代を生きる私たちは、ＬＰＳが圧倒的に不足しているという事実をはっきりと認識し、自分の体へできる限りのＬＰＳ供給をすることが大事だと言えましょう。

## ■ＬＰＳは口の健康の守り番

人間は、いったい何歳まで生きられるのでしょうか。

各人が持つＤＮＡの端っこにはテロメアと呼ばれる〝しっぽ状〟のものがくっついているのですが、これが誕生したばかりの赤ちゃんの時はちゃんと長い。けれども、細胞分裂をくり返し、複製するたびに（＝年齢を重ねるたびに）徐々に短くなっていき、ついに細胞分裂できなくなる時が寿命の尽きる時という「テロメア回数券説」もあります。

また、どの生物も一生の心拍数が決まっていて、心拍数が少ない動物は長生きする「心拍数説」というのもあります。

さらに、１００歳以上で亡くなった日本人の寿命から年齢ごとの死亡確率のグラフを作成して、確率が１００％になる年齢を推定した「統計的な見地からの説」というのも知られています。

このように諸説ありますが、これまで最も長く生きた人として記録に残っているのは、フランスのジャンヌ・カルマンさんという女性が122歳まで生きたということ。この事実から、人間の生物的寿命の限度は120歳ぐらいではないかという見方がおおむね主流になっています。

できれば誰もがそのような長寿を全うしたいものですね。とはいえ今や100歳は珍しくない時代。家であれ道具であれ、100年持たせるというのは大変なことです。

100年、あるいはそれ以上生きなければならないとしたら、体は大事に使わないといけません。

体のどの部分もそれぞれに重要ですが、とりわけ物を食べる口は健康のカギを握っています。

口腔内で食べ物を噛んで飲み込むことで、食物は消化管に送り込まれ、体が栄養を吸収できます。また、歯と舌と唇が連動してよく動くことで言葉をはっきりとしゃべることができます。

さらに、動物のなかで人間だけが顔によって喜怒哀楽を表現しますが、歯並びを見せて笑うという行為は、喜びや愛情といった感情表現も行っています。

したがって、口というのは、栄養学的にも社会的にも、かなり大事な役目を持っているところなのです。

## 口腔内にいる多数の常在菌

口は空気と食べ物の入り口ですから、口の中に菌が多いのは当然です。種類として５００～７００の菌がいると言われています。

主流の常在菌は、連鎖球菌（ストレプトコッカス）の種類に属するストレプトコッカス・ミティス菌、ストレプトコッカス・サンギウス菌、ストレプトコッカス・ミュータンス菌、ストレプトコッカス・サリバリウス菌など（すべてグラム陽性細菌）。

**厚労省・e-ヘルスネット・歯周疾患の有病状況**

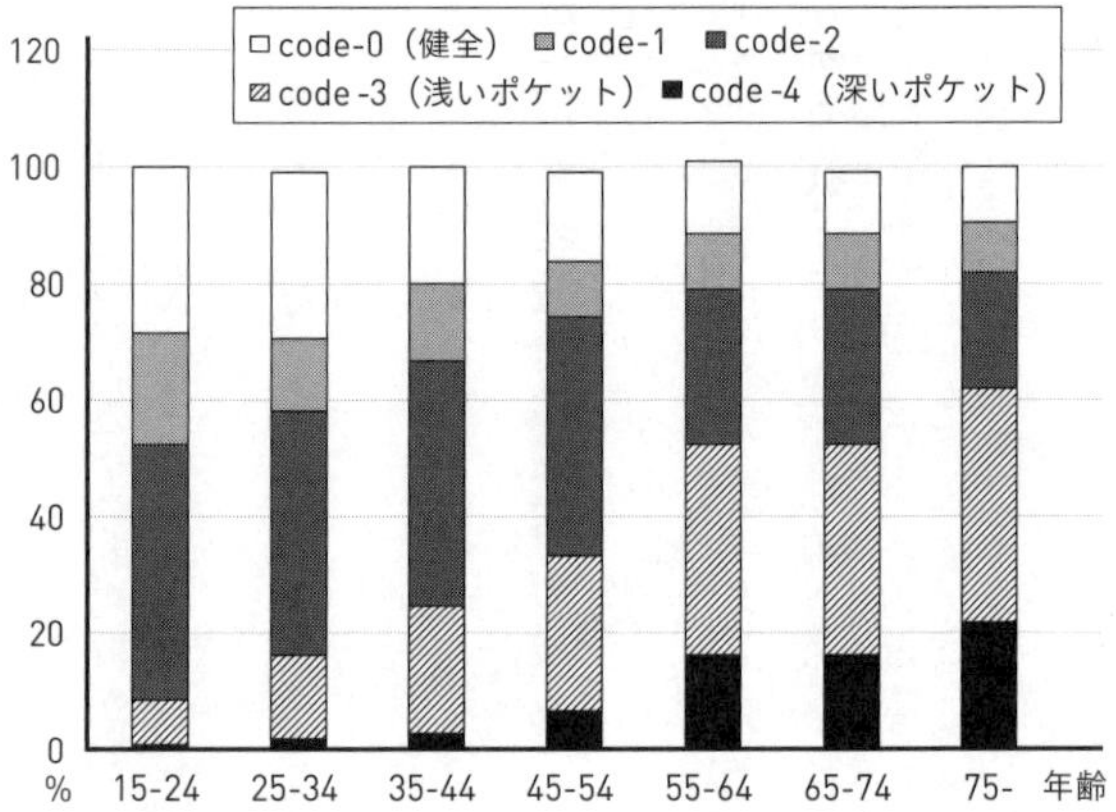


ちなみにストレプトコッカス・サリバリウス菌は、口臭の少ないヒトに多い菌だという研究結果も出ていて、これら口の中の菌がすべて悪さをするわけではなく、抗菌物質を誘導したり、自然免疫を活性化するといった働きをする菌もなかにはいるのですが、何と言っても、現代人にとって特に脅威なのは歯周病菌の存在でしょう。

歯周病に至るプロセスを見てみると――

歯の表面では、まず歯の表面に細菌の代謝物がくっつき、それを足掛かりとして連鎖球菌がくっつき、さらにポルフィロモナス・ジンジバリス菌（＝歯周病菌、グラム陰性細菌）がくっついて集合体ができます。これが歯垢《しこう》です。

歯垢が固く石灰化したのが歯石。歯垢の中にいるストレプトコッカス・ミュータンス菌が糖を分解すると酸が作られて歯が溶けて虫歯になります。

また歯垢がたまると歯肉に炎症が起きて歯周病（歯槽膿漏）となります。

ざっと歯周病が始まるメカニズムがおわかりいただけたと思いますが、実際の症状としては、最初は歯肉が腫れたり、出血が起こったりします。しかしながら、まだ初期のうちであれば、これらは歯垢・歯石を取り除くことで治療できます。ただし、いったんできた歯石は通常の歯磨きではなかなか除去しづらいので、歯医者さんで取ってもらうのがいいでしょう。

日本において、浅い歯周ポケットがある人と深い歯周ポケットがある人を合わせた歯周病の有病率は、前期高齢者で53％、後期高齢者で62％です。

この数字は、他の国に比較するとやや良好なのだそうですが、他の国より抜きんでて寿命が長い日本では、安心していられません。

日頃から丁寧にブラッシングし、定期的に歯医者さんで歯垢・歯石のチェックをしてもらうことが大切です。

## 歯周病菌をやっつけるLPSの力

さて、問題は、そうしたことをおざなりにしていた場合。

歯周病がさらに進むと、歯肉が下がり、歯槽骨という歯を支えている骨が溶け出して、歯がぐらぐらしてきます。末期では歯が抜け落ちてしまいます。

また、歯周病菌が棲みつくと、菌が血管内に侵入し、歯肉だけではなく、体内でも炎症が起こります。

最近の知見によると、歯周病菌を原因とする炎症がインスリンの働きを妨げ、糖尿病が悪化することも報告されています。

その他にも、歯周病菌がアルツハイマー病の患者の脳から検出されたことが報告

## LPSによる歯周病の改善

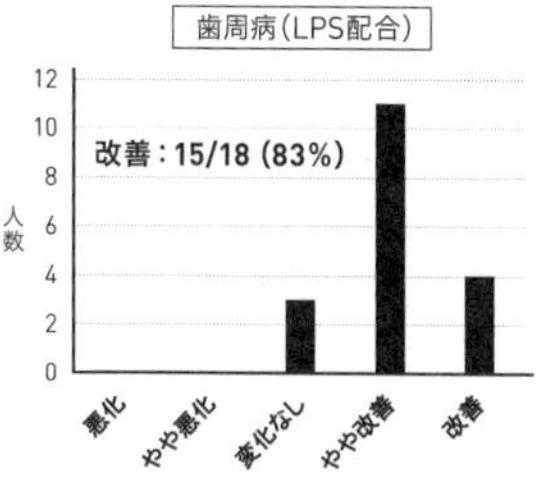


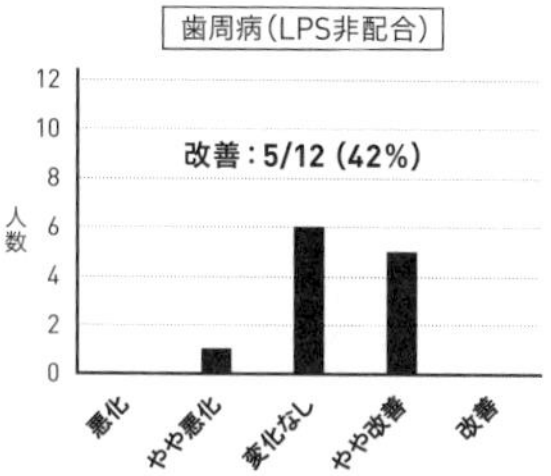


LPS配合（2μg/g）口腔用ジェルを、1日に3回から4回、患部に指先でつけるか、または歯ブラシにつけて患部をブラッシング。1週間後、歯周病の腫れについて5段階（悪化、やや悪化、変化なし、やや改善、改善）での本人評価試験を行った。

## ＬＰＳによる口内炎の改善

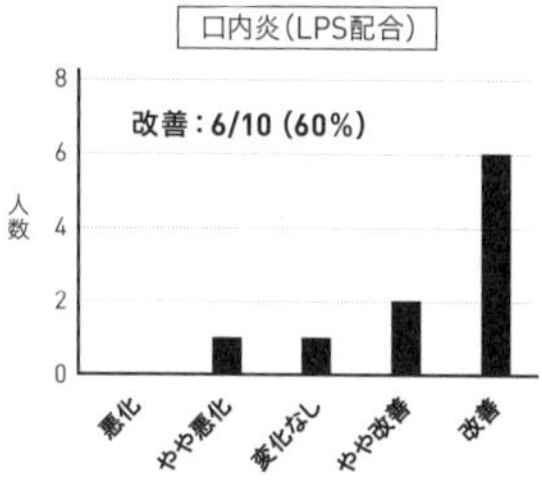


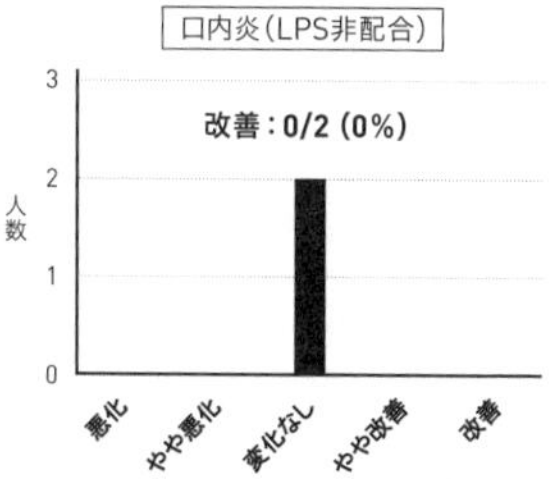


LPS配合（2μg/g）口腔用ジェルを、1日に3回から4回、患部に指先でつけてもらった。1週間後、口内炎の状態について5段階（悪化、やや悪化、変化なし、やや改善、改善）での本人評価試験を行った。

されており、認知症との関係も疑われています。

私たちの口の中には歯周病菌が生きて活動しており、その結果、歯肉を溶かし（歯槽骨を退縮させ）、また分裂増殖して体内に潜り込み、そこで溶菌してさまざまな炎症を誘導する——誰もが肝に銘じておかなければならないことですが、しかしながら、ＬＰＳによって歯周病の改善が見られます。

ＬＰＳはマクロファージにも働きかけますが、皮膚や口腔粘膜の細胞もＬＰＳに応答することが最近の研究でわかってきました。こうした作用が、歯周病菌の排除に働くのです。

メカニズムとしては、粘膜上皮細胞株にＬＰＳを添加すると、抗菌物質が誘導されます。

実際に、歯医者さんの協力を得て、治療に来られた患者さんに、ＬＰＳ（植物共生細菌由来のパントエア・アグロメランスＬＰＳ）を配合したジェルを使ってもらうと、使わない方あるいは、ＬＰＳを配合していないジェルを使った患者さんよりも改善されることがわかりました。
驚くべきことに、このＬＰＳ配合ジェルを使用した人では、歯周病だけでなく口内炎の治りが早いことも報告されました。[*12]
また、抜歯後にパントエア・アグロメランス由来のＬＰＳを患部に塗布することで、歯肉形成が驚くほど速かったという歯科医師の報告もあります（未発表）。
良性であれ病原性であれ、生きた菌は活動のなかで炎症を起こすことがありますが、ＬＰＳそのものは、口腔内において、自然免疫や自然治癒力を高める作用があると考えられるのです。

## 歯周病菌とＬＰＳのちょっと不可思議な関係

ポルフィロモナス・ジンジバリスを代表とする歯周病菌は、実はグラム陰性細菌に属します。ということは、細胞表面にＬＰＳを持っています。

ここで読者の方は、きっと次のような疑問に突き当たるでしょう。

## 歯周病菌のLPSは特殊である

パントエア菌LPSのLipid A部分　　歯周病菌LPSのLipid A部分

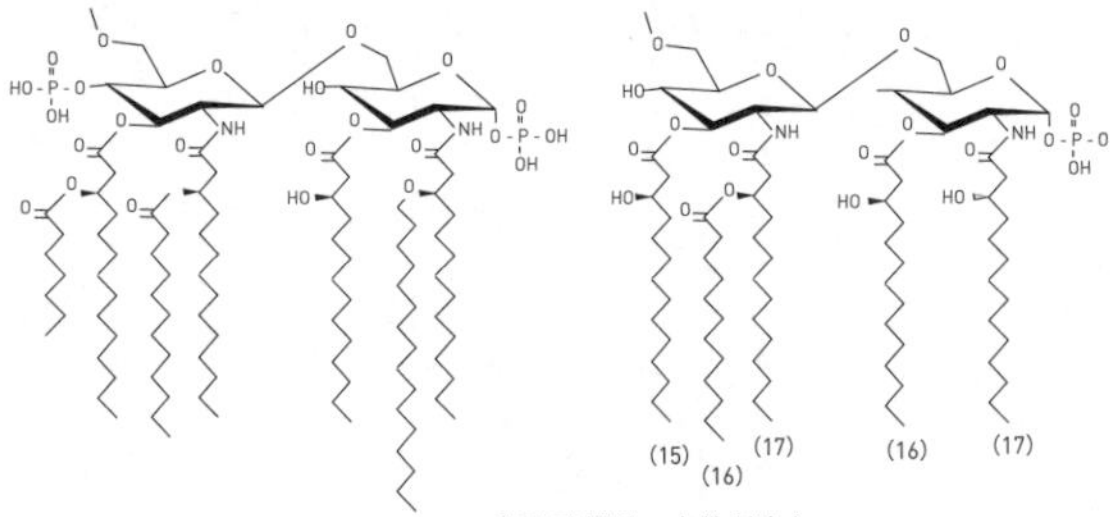


・脂肪酸側鎖の本数が少ない。
・脂肪酸側鎖が長い。
・グルコサミンの片方にリン酸基がついていない。

参考：Infection and Immunity 69 (3)：1477-1482 (2001)

「LPSに歯周病を退治する力があるなら、LPSを持っている歯周病菌が悪さをしないはずではないか」と。

確かにそう感じるのも無理はありません。

しかし、非常に興味深いことに、歯周病菌のLPSは、ほかのグラム陰性細菌のLPSとは構造がやや違っているのです。そのため、通常のLPSが細胞に結合する際に選ぶレセプター（受容体）のTLR4ではなく、乳酸菌のペプチドグリカンやキノコのβグルカンが結合するTLR2というレセプターに結合すると報告されています。[*13]

そして、ＴＬＲ２に結合することが、歯周病菌の生き残り戦略であるらしく、ＴＬＲ２を欠損させたマウスでは、ポルフィロモナス・ジンジバリスを中心とする歯周病菌がすぐに排除されるという実験結果も出ており、ＴＬＲ２との関連が裏付けられます。[*14]

こうしたことから、彼らは、自分たちが生存しやすい独自の環境を作っていることがうかがえます。

いわば、本来の基本性質を持ったＬＰＳとは全く違ったタイプの〝はぐれＬＰＳ〟とでも言いましょうか。

すなわち、歯周病菌のＬＰＳは、免疫担当細胞を活性化し生体防御のための作用を誘導する力は、非常に弱いのです。

むしろそうした特徴ゆえ、歯周病菌は、張り巡らされた免疫系バリアによって認知や排除がされにくいのかもしれません。

いずれにせよ本質的な問題は、口の中では歯周病菌が生きて活動しており、その結果、歯肉を溶かすこと、また分裂増殖して体内に潜り込み、そこで溶菌して炎症を誘導することにあります。

＊1　Topographical and Temporal Diversity of the Human Skin Microbiome, Science 324: 1190-1192(2009)
＊2　First-in-human topical microbiome transplantation with Roseomonas mucosa for atopic dermatitis, JCI Insight 3(9) : e120608(2018)
＊3　Transplantation of human skin microbiota in models of atopic dermatitis. JCI Insight (10), 2016. e86955. https://doi.org/10.1172/jci.insight.86955.
＊4　First-in-human topical microbiome transplantation with Roseomonas mucosa for atopic dermatitis. JCI Insight 3(9), 2018. e120608. https://doi.org/10.1172/jci.insight.120608.
＊5　Atopic dermatitis: global epidemiology and risk factors. Ann Nutr Metab 66 Suppl 1: 8-16(2015)
＊6　Effects of nonpathogenic gram-negative bacterium Vitreoscilla filiformis lysate on atopic dermatitis: a prospective, randomized, double-blind, placebo-controlled clinical study. Br J Dermatol 159(6):1357-1363(2008)
＊7　Immunopotentiator from Pantoea agglomerans Prevents Atopic Dermatitis Induced by Dermatophagoides farinae Extract in NC/Nga Mouse. Anticancer Res 35(8):4501-4508(2015)
＊8　Protective Effect by Intradermal Administration of Pantoea agglomerans LPS( LPSp )and Oral Administration of ONO-4007, A Lipid A derivative, on IgE-dependent Ear Swelling. Biotherapy 11(3):464-466(1997)
＊9　The Effect of Lipopolysaccharide-containing Moisturizing Cream on Skin Care in Patients with Mild Atopic Dermatitis, in vivo 33(1) :109-114(2019)
＊10　Resistance of LPS-activated bone marrow derived macrophages to apoptosis mediated by dexamethasone Yasmin Ohana Haim, et al. Scientific Reports 4 : 4323, (2014). DOI: 10.1038/srep04323
＊11　Environmental exposure to endotoxin and its relation to asthma in school-age children. N Engl J Med 347(12): 869-877 (2002)
＊12　日本国特許第６５１２６１号「口腔ケア剤」
＊13　Signaling by toll-like receptor 2 and 4 agonists results in differential gene expression in murine macrophages, Infection and Immunity 69(3) :1477-1482(2001)
＊14　Cutting Edge: TLR2 Is Required for the Innate Response to Porphyromonas gingivalis: Activation Leads to Bacterial

Persistence and TLR2 Deficiency Attenuates Induced Alveolar Bone Resorption, The Journal of Immunology, 177: 8296–8300 (2006)

# 第3章

# 肌の美しさと免疫は密接に関係する

## ■腸と同様、皮膚も力強い免疫器官

皮膚は、外界からの刺激が最も直接的に作用する器官であるがゆえに、恒常性を維持するためのシステム（＝免疫）が備わっており、腸管と同じく免疫器官と言って差し支えありません。

皮膚に存在しているいろいろな細胞は、どの細胞も多かれ少なかれ免疫の一翼を担っており、これら皮膚細胞の情報交換による免疫応答が、皮膚の健康を維持しているのです。

そして、そのためには、外界と接する皮膚に当たり前のように存在している皮膚常在菌の活躍が欠かせません。なぜなら常在菌たちの刺激を受けることで、皮膚細胞の営みは正常に動いているからです。

外とつながっている腸において腸内細菌が活躍しているように、皮膚常在菌もまた肌免疫を活発化することに貢献。なかでも目覚ましい活躍をしているのがグラム陰性細菌のLPSです。

表皮を構成している「ケラチノサイト」という表皮細胞には、LPSを受け入れるレセプター（受容体）の「TLR4」が発現していることが明らかで、ケラチノサイトにおいてはLPSの刺激に応じた反応が確かに見られます。

すでにお話ししたとおり、腸の免疫細胞はLPSに対して、体内の免疫細胞とは全く異なる応答をしているのですが、皮膚も同様で、LPSとの独特な相互作用反応を示します。

たとえば――、

●ケラチノサイトをLPSで刺激すると、皮膚のバリア機能を保つタンパク質であるフィラグリンの発現量が高まります。*[1]

●ケラチノサイトはまた、LPSの刺激に応じて生体内抗菌物質であるβディフェンシンを産生します。*[2] アトピー性皮膚炎では、常在菌である黄色ブドウ球菌が異常増殖していると前章で述べましたが、βディフェンシンはそういった菌の増殖を抑制する役割を持っています。
……などなど。

## 肌はＬＰＳに応答するようにできている

外界に直接さらされている皮膚・肌は、基本的に免疫組織であり、そうした免疫組織が最も敏感に反応するのは細菌たちです。

なかでもグラム陰性細菌を認識する目印として細菌の外側（細胞膜）にくっついているもの――それがＬＰＳです。

そのため、皮膚は素早くＬＰＳの刺激を認識して、スムーズな活性化につながるというわけなのですね。

ですから本当は、ＬＰＳは皮膚免疫に働きかける、というより、皮膚はＬＰＳに応答するようにできている、というのが正しいでしょう。

古くなった細胞や老廃物を除去するのも、

## 肌免疫と肌の健康

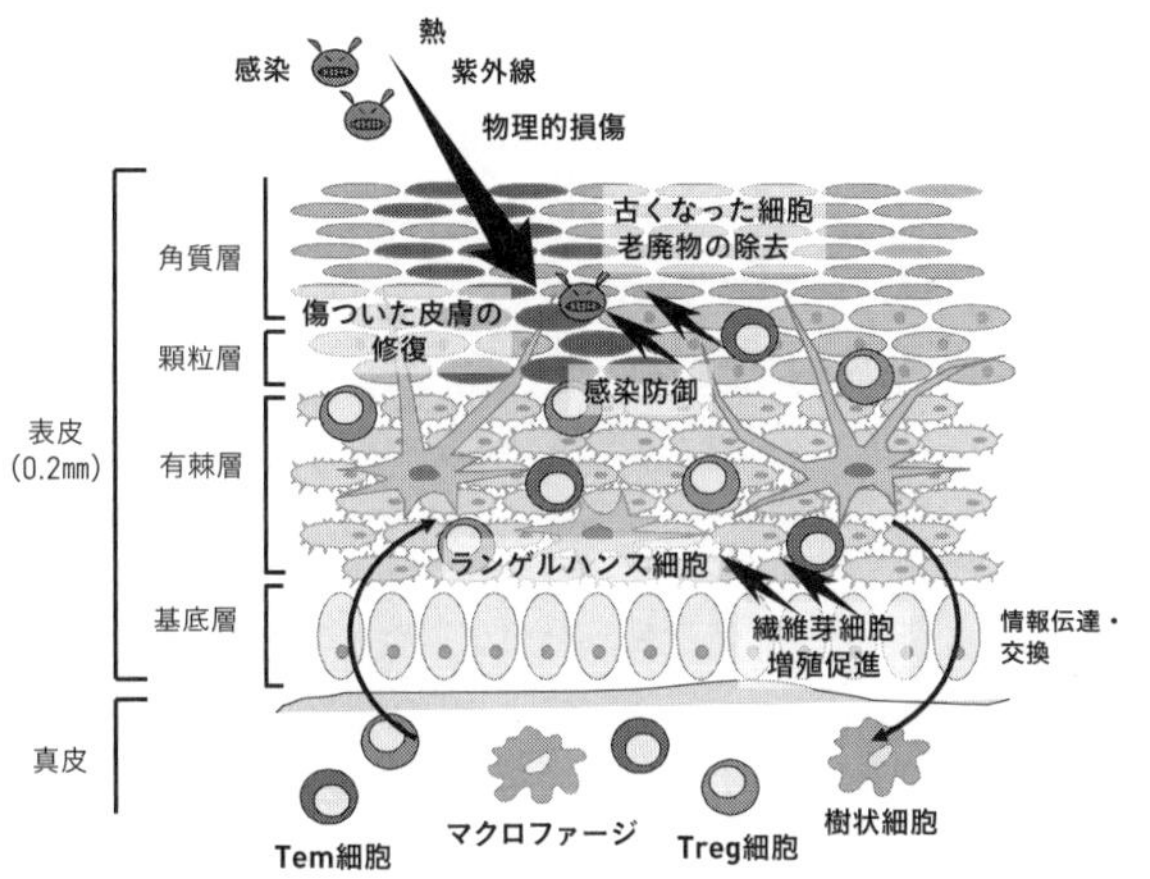


## 肌免疫は肌の美しさと密接に関係

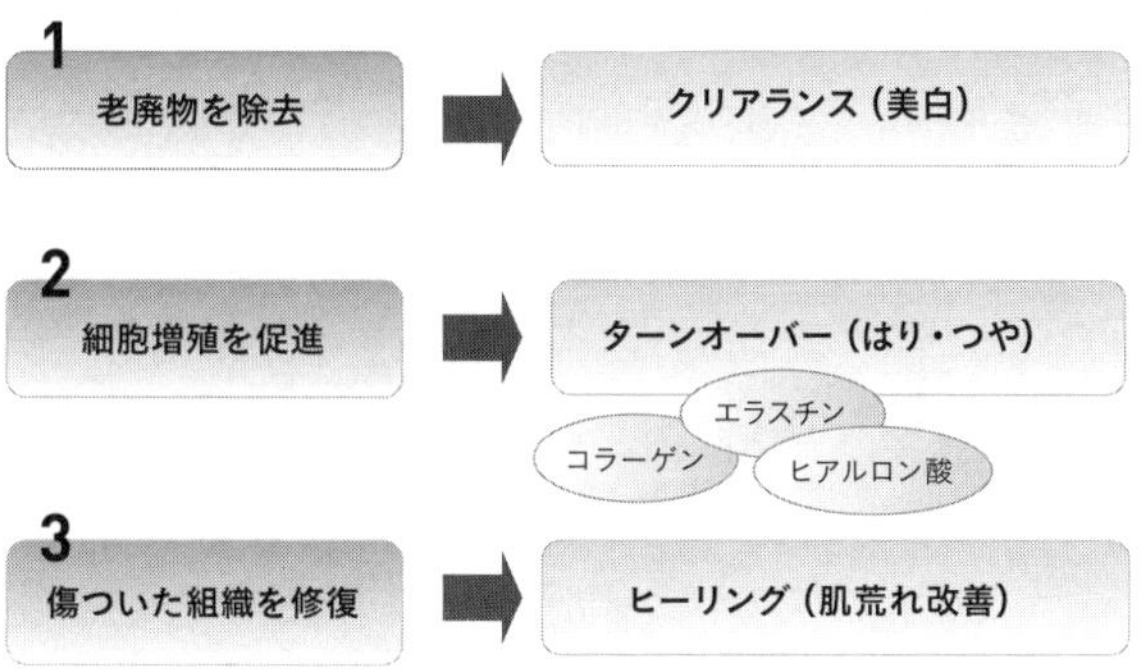

新しい細胞が生まれるのを助けるのも、
紫外線や熱や物理的損傷で傷ついた箇所を治していくのも、
傷口から侵入する病原菌を排除するのも、
みんな皮膚の免疫が担っている役割です。
ということは、その免疫力さえパワーアップさせることができれば、美しい健康的な肌を得るのは可能なはず――。
ただし、それには、〝皮膚が本来行っている方法〟を使って、ということが重要です。
すなわち、皮膚免疫に働きかける細菌成分・ＬＰＳの力を大いに活用するのが最も有効なのではないでしょうか。
必要以上に除菌したり、加齢やストレスで免疫力が衰えてきたりすると、当然ながらクリアランス、ヒーリング、アンチエイジングの力なども落ちてきます。
けれどそういう場合にも、ＬＰＳは効果を発揮します。

**皮膚の構造**

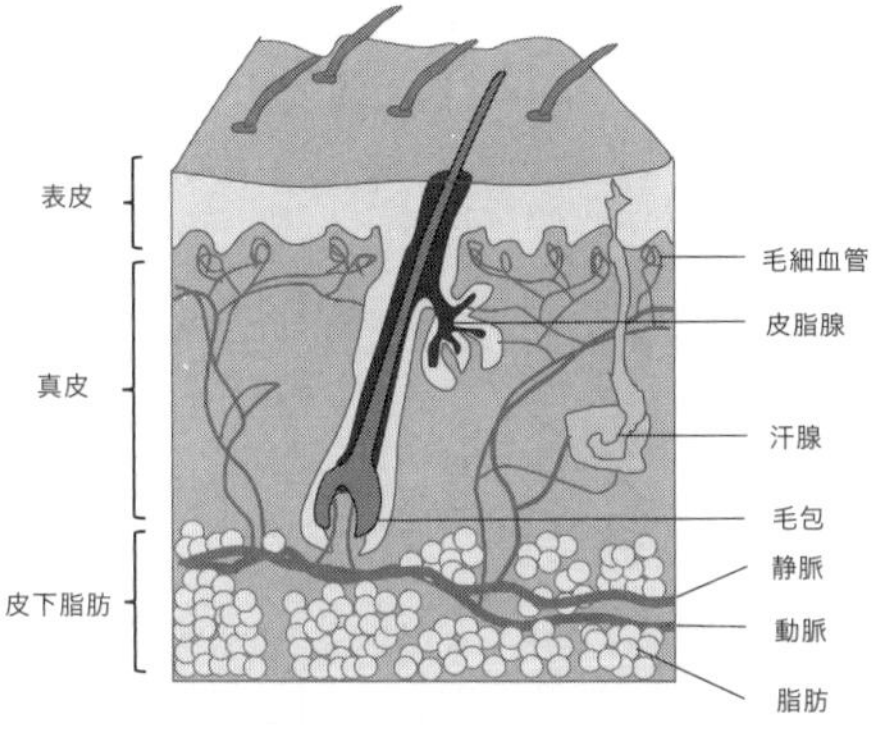


参考図：http://bicaramohdaziz.blogspot.com/2013/03/skin.html

## 皮膚の構造

「皮膚」と「肌」。

この二つは、厳密に言えば、同じではありません。

「皮膚」は、表皮と真皮と皮下脂肪までを含みます。

一方「肌」については、少々あいまいです。

というのも、「肌」という言葉ができた時には解剖学的に名づけられたものではなかったからです。

一般的には皮膚のうち表皮のことを指すことが多いものの、表皮組織の一番上にある角質層を指す説もあります。

とりあえず、本書において「肌」とは、〝表皮〟または〝目で見える皮膚部分〟といった捉え方をしていただければと思います。

さて、上から表皮―真皮―皮下脂肪の順で層になっている皮膚組織。表皮は厚さがわずか0・2㎜程度のごく薄い組織ですが、外界から体全体を守るため、とてもよくできています。

表皮を構成しているのは「ケラチノサイト」という表皮細胞です。表皮の最下部で生まれたケラチノサイトは、上に押し上げられていきながら細胞の形態・性質を変えていきます。

具体的には、細胞の形態によって、表皮はさらに、下から基底層、有棘《ゆうきょく》層、顆粒層、角質層と4種類に区分されることになります。

一番上の角質層のケラチノサイトには遺伝子が詰まった核というのがありません。つまり外界と直接接しているのは死んでいる細胞というわけです。

**表皮の構造**

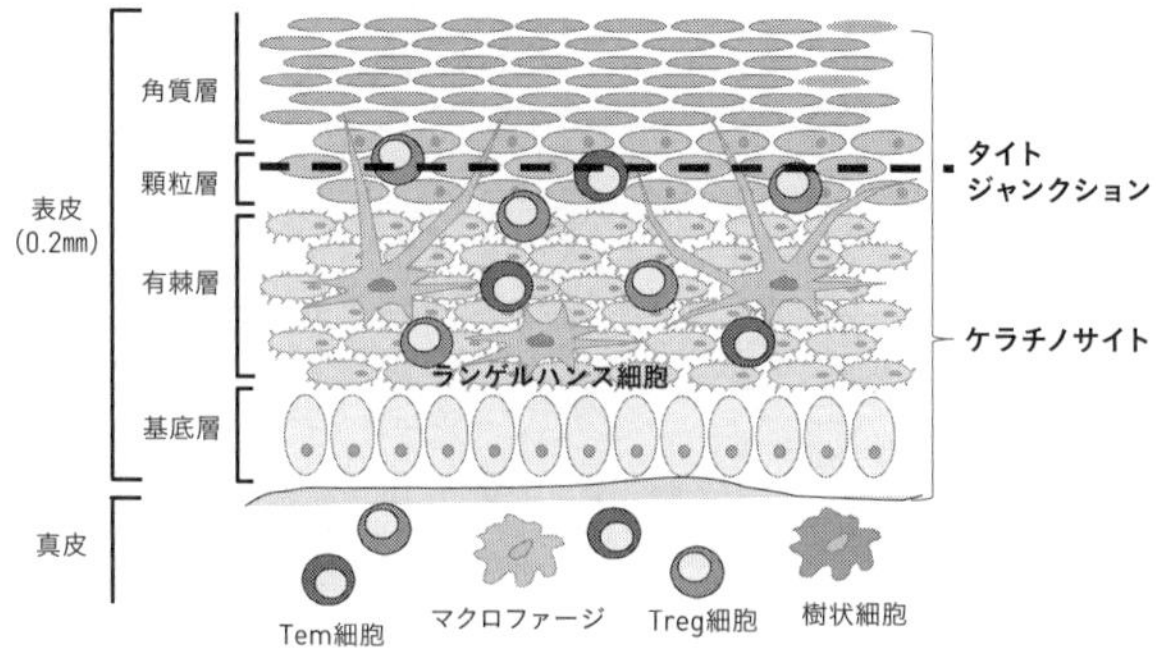


この角質細胞の隙間を皮脂が埋めています。角質細胞と皮脂は、ちょうどレンガとモルタルのような関係で、肌の一番上のバリアとなっています。

角質細胞は、古くなってバリア機能が悪くなると、垢《アカ》となって剥がれ落ちます。

表皮内の上から2層目の顆粒層には、「タイトジャンクション」という優れた構造があって、隣り合う細胞同士の間隙を特殊なタンパク質でぴったり密着させ、漏れなくシールしています。

皮膚では、このタイトジャンクションがあるおかげで、外部からの異物の侵入も内部からの水分の蒸散も防がれているわけです。皮膚というのは、簡単に物が出入りできる仕組みにはなっていないのですね。

顆粒層の下にはケラチノサイトのほか、マクロファージの仲間の免疫細胞であるランゲルハンス細胞やT細胞もいます。

外界との最前線で私たちの体を守っている表皮の下のブロックに存在するのは真皮。場所によりますが、真皮は数㎜内外の厚みがあります。

真皮には毛細血管が巡っていて、酸素や栄養素を体内中に届けています。

## LPSが皮膚内部へアプローチ!

LPSが皮膚で活躍できることの理由として、皮膚細胞にはLPSをあたかも大事なお客様のように招き入れる「TLR4」という〝専用玄関口〟があるというのが、一つの大事なポイント。

そしてもう一つは、LPSの性質が水にも脂にもなじむ両親媒性を持っているこ

**タイトジャンクションとLPS**

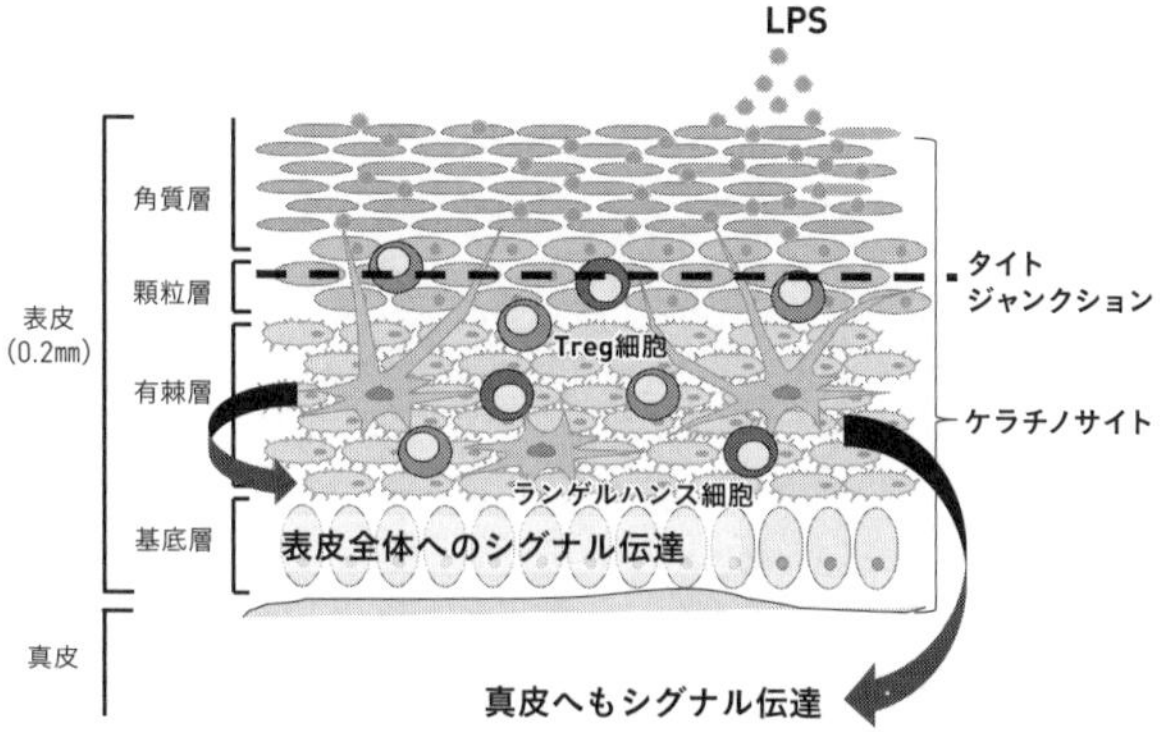


とが挙げられます。

　それこそ「リポポリサッカライド＝糖脂質（糖質＋脂質）」という正式名が示すとおり、皮脂になじむ脂質を分子内に持つLPSは、いともスムーズに皮脂が存在する角質層に浸透します。

　ただし、角質層までは行けても、先ほど述べたように、角質層の下の顆粒層にはタイトジャンクションがあって、多くの物質はそこから内部のほうへ向かおうにも通過できません。LPSも例外ではなく、タイトジャンクションの下には行けないと考えられます。

サイズ的にLPSの分子量は、タイトジャンクションをくぐり抜けるにはやや大きくて、つっかえてしまうのです。

けれども、実はそこに、重要な〝助っ人〟が存在します。

顆粒層の下にいるランゲルハンス細胞という名前の免疫細胞。

ランゲルハンス細胞は、独特の樹状突起を持っていて、それらが小枝を伸ばすようににょきにょきとタイトジャンクションの上にまで先端を出しています。もちろん緻密なタイトジャンクションを壊さないようにして、器用に動かしながら。

タイトジャンクションの上に突き出てきた、このランゲルハンス細胞の樹状突起に、そう、角質層まで来ているLPSがコンタクトしているのです。

実際、ランゲルハンス細胞がLPSに応答しているのは、すでに研究により明らかになっています。

このようにして、LPSはタイトジャンクションの下に行かなくても、皮膚の免疫系に働きかけることができるという、謎解きのような仕組み——。つくづく感心させられます。

## ■ＬＰＳは肌の新陳代謝を促進する

「皮膚の構造」の項で述べたように、４層構造を持つ表皮では、最下部の層で生まれた新しいケラチノサイト（＝表皮細胞）が、形態を変えつつ上の層へ層へと押し上げられていき、最上部で古くなると「垢」となって剥がれ落ちます。

一番下の基底層から一番上の角質層まで、表皮すべての細胞が入れ替わることを「ターンオーバー」と呼び、健康な肌では、１カ月程度で表皮がターンオーバーします。

ターンオーバーが正常に行われるためには、ケラチノサイトが正しく形態を変えていくこと、すなわち異常なく分化していくことが重要です。

このケラチノサイトの分化には「オートファジー」という仕組みが深くかかわっ

## 細胞内のオートファジーの仕組み

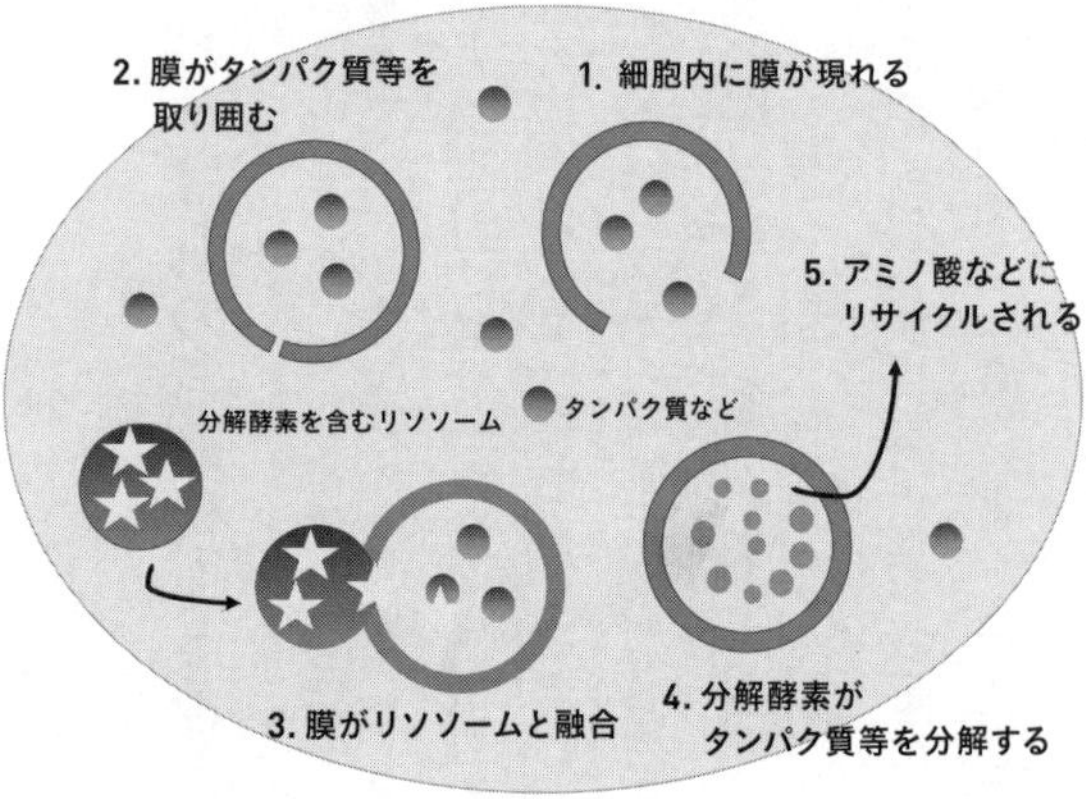

2. 膜がタンパク質等を
取り囲む
1. 細胞内に膜が現れる
5. アミノ酸などに
リサイクルされる
分解酵素を含むリソソーム
タンパク質など
3. 膜がリソソームと融合
4. 分解酵素が
タンパク質等を分解する

ています。

オートファジーというのは、わかりやすく言えば、タコが自分の足を食べるように、自分で自分を食べる作用のことです。

とにかくそんなふうに、ケラチノサイトでは、細胞の内部をオートファジーしながら、形態や機能を変化させていっている、ということなのですね。

典型的なのは、細胞が飢餓に陥った時に、細胞内のタンパク質を分解してエネルギーを得たり、アミノ酸などをリサイクルする仕組みで、このオートファジーの研究は、2016年のノーベル医学・生理学賞に輝きました。ケラチノサイトでのオートファジーが、ターンオーバーのほか、メラニンの分解や感染防御に関与していることも、別の研究ですでに報告されています。*[3]

ところで、この新陳代謝システムにおいてもLPSは存在感を発揮。ケラチノサイトのオートファジーを促進し、それによって制御されるターンオーバーを活発化することがわかっています。*[4・5]

ヒトのケラチノサイト細胞株に、ある種のLPSを作用させると、オートファジーのマーカーであるLC3という物質の発現量が上がることが示された論文があります。*[5]

つまり、肌にLPSを作用させると、オートファジーが起こり、オートファジーはケラチノサイトの分化を促し、分化することで、ターンオーバーが進むということ。LPSは表皮のターンオーバーに寄与することになり、ひいては新陳代謝に効

## LPSはケラチノサイトのオートファジーによるメラノサイト分解を促進する

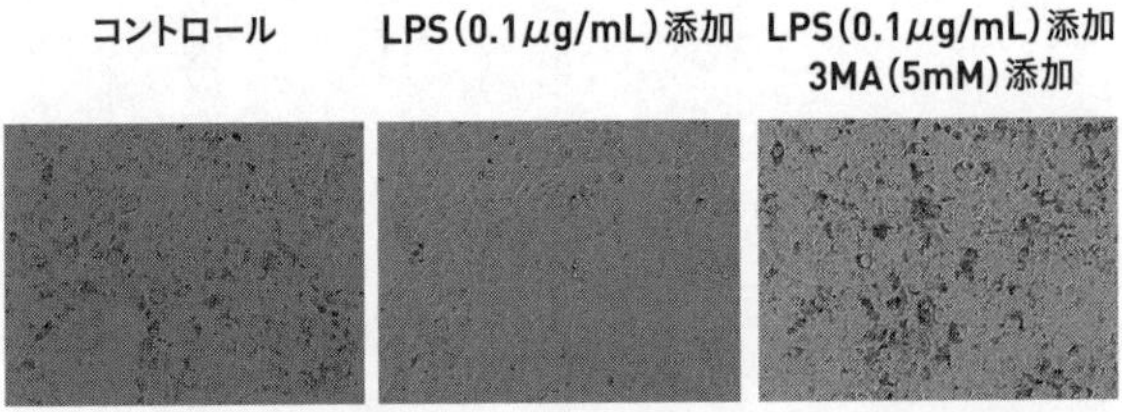


HaCaTを96穴に播種した。細胞がコンフルエントになった時、B16メラノーマ細胞株から調製したメラノソームを毎日培地交換とともに添加した。4日後、オートファジー誘導培地を用いて、0.1μg/ml LPSPでトリートメントした。72時間後、位相差顕微鏡を撮影した。

※3MA(3-メチルアデニン):オートファジー阻害薬

立命館大学・薬学部・藤田隆司先生による試験

## LPSによる濃度依存的なケラチノサイト内メラノサイト分解促進

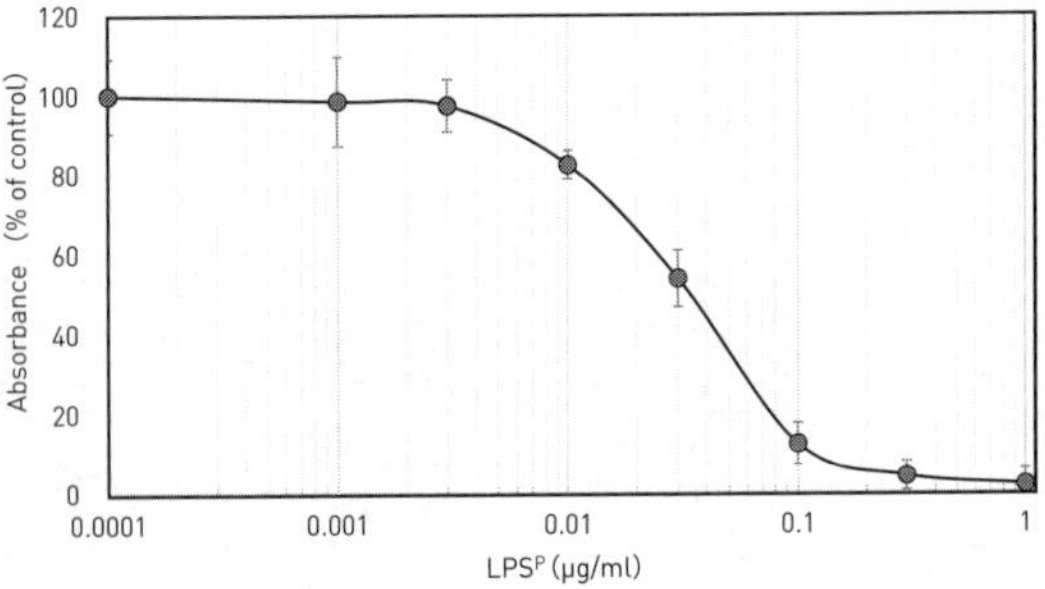


同条件下で培養後、細胞は図に示した濃度のLPSでトリートメントし、3日後細胞をDMSOで可溶化し、マイクロプレートリーダーにて490nm の吸光度を測定した。n=8. データは、メラノソームを添加していないウェル(Blank)における吸光度を差し引いて、平均値標準誤差値を示した。

立命館大学・薬学部・藤田隆司先生による試験

果的だということになります。

なお、ＬＰＳによるオートファジー促進効果は、ケラチノサイトが取り込んだメラノサイト（メラニンの塊）を分解する能力を上げることがわかっています（116ページ参照）。

ＬＰＳは、表皮の基底層までは行けませんので、基底層でメラニンが作られたり、ケラチノサイトに受け渡されたりするところに関与していないかもしれません。でも、少なくとも、表皮の浅いところでは、ケラチノサイトが取り込んでいるメラノサイトを分解する過程を促進するので、肌のくすみが取れやすいということです。

## ■ＬＰＳの保湿アップ力

皮膚のバリア機能タンパク質であるフィラグリン。この物質が代謝されてアミノ酸になると、これがＮＭＦ（ナチュラルモイスチャリングファクター＝自然な保湿

## LPSは、表皮でフィラグリン（バリア機能タンパク質）を誘導する

フィラグリン遺伝子発現

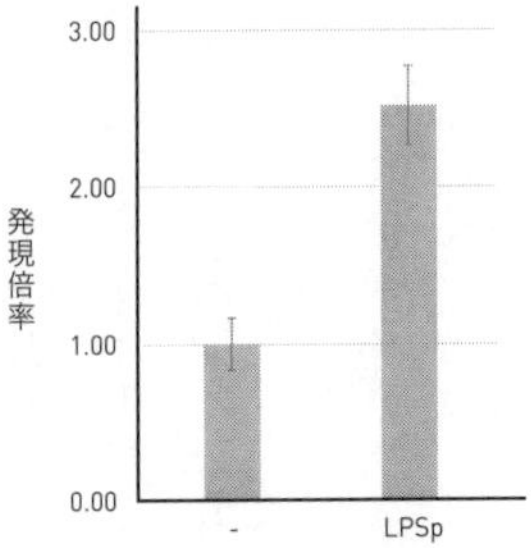


DJM-1（ヒトケラチノサイト細胞株）を
LPSp（10ng/mL）で6時間刺激後、
RT-PCRを行った（自然免疫応用技研調べ）。

健常者の腹部皮膚における
フィラグリンタンパク質の発現

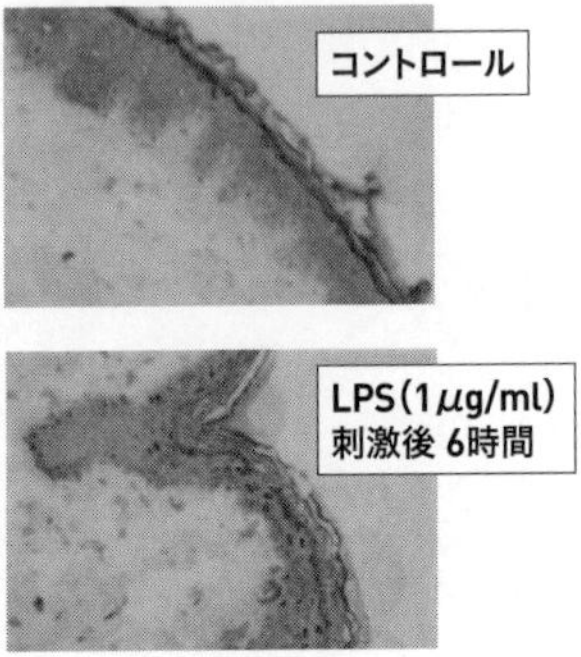


※J Invest Dermatol 131: 59−66（2011）,Fig.3から

要素）になり、保湿力も高まります。肌の保湿にとって、バリア機能の強化は不可欠。

バリア機能が下がると、外界の刺激性因子や病原菌の感染を得やすくなり、また水分が蒸発して肌が乾燥します。

バリア機能が不完全だと、外部からの抗原も入りやすく、これがアレルギーを誘発することになるわけです。

実際、アトピー性皮膚炎（AD）患者に関する調査では、フィラグリ

### LPSは、表皮でβディフェンシンを誘導する

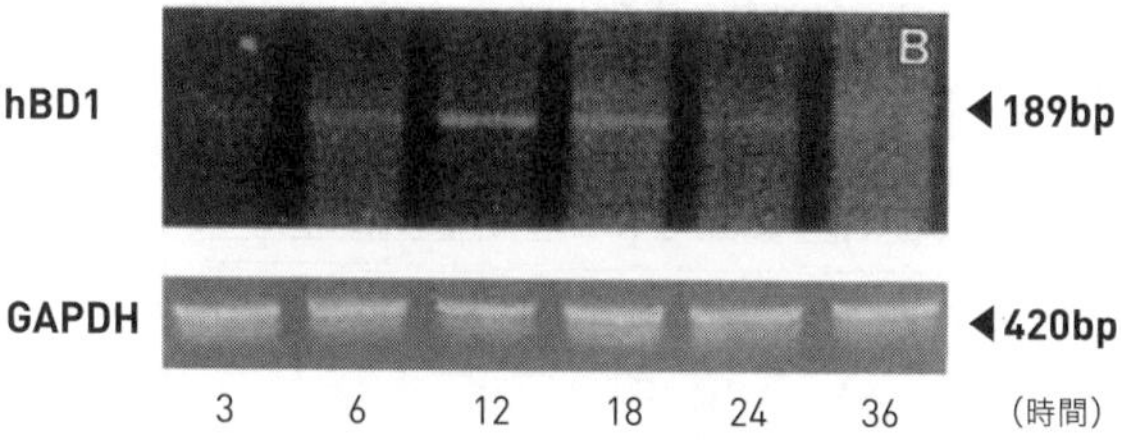


**ヒトケラチノサイト細胞株（HaCaT）をLPS（200ng/ml）で刺激した後のヒトのβ-defensinのmRNA発現**

J Dermatol Sci 27: 183-191(2001) Fig. 3から

ンの発現が低下しており、皮膚のバリア機能が下がっています。

また、フィラグリンに遺伝的に異常がある人は、アトピー性皮膚炎になりやすいこともわかっています。[*6]

けれども、表皮細胞であるケラチノサイトをＬＰＳで刺激すると、フィラグリンの発現が高まることが報告されています。[*1]

たとえば軽度アトピー性皮膚炎に対して、ＬＰＳを配合した保湿クリームでの塗布を試みたところ、改善が見られたとのこと。これはフィラグリンの増加が関連していると思われます。

ケラチノサイトはまた、ＬＰＳの刺激に応じて生体内抗菌物質であるβディフェンシンを産生します[*2]。

アトピー性皮膚炎では、常在菌である黄色ブドウ球菌が異常増殖していることは前述しましたが、βディフェンシンはそういった菌を殺し、増殖を阻止します。

これらの結果から、ＬＰＳはケラチノサイトに作用してバリア機能を高め、また雑菌の繁殖を抑制する可能性が考えられるのです。

## ■肌荒れ・炎症予防とＬＰＳ

ＬＰＳは、肌の炎症を抑制したり、傷を治すなどの作用があることが報告されています。

その作用の仕組みは次の通りです。

肌にトラブルが生じている時、ＬＰＳは直接トラブルを治すのではありません。

## LPSは表皮細胞でのNO（一酸化窒素）の産生を高める

**マウスから単離した**
**表皮細胞における**
**iNOS（誘導型一酸化窒素合成酵素）の発現量**

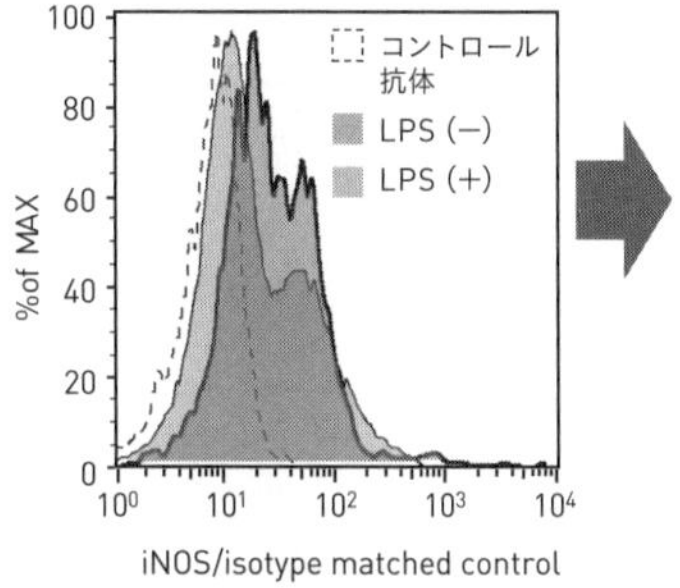


**NOの効果**

・紫外線による細胞死の抑制

・接触性過敏症の抑制

・ケラチノサイトの移動促進

・創傷治癒促進

※J Invest Dermatol 130: 464-471 (2010) Fig.2から

※Nitric Oxide 10: 179-193 (2004)

## LPSはランゲルハンス細胞で炎症性ケモカインの発現を低下させる

**TARC**

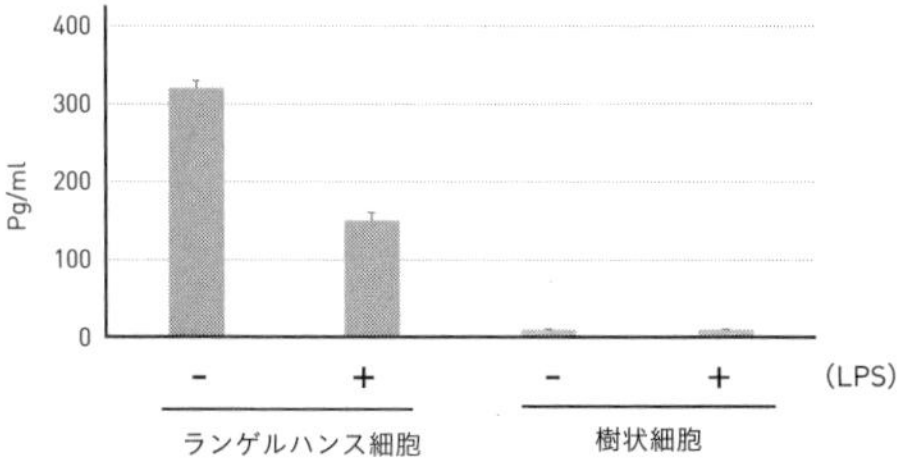


マウスから単離したランゲルハンス細胞または樹状細胞（比較対象）を1μg/mlのLPSで刺激し36時間後の培地中のTARC（thymus and activation regulated chemokine ：炎症性ケモカイン）タンパク質を測定

J Invest Dermatol 122: 95-102 (2004), Fig4から改変

肌の細胞には肌のトラブルを治すシステムがあり、LPSはそのシステムが健全に活発に動くように、肌の細胞を活性化するのです。

たとえば、LPSの刺激を受けて、表皮細胞であるケラチノサイトは一酸化窒素を出します。[*7] 一酸化窒素は、紫外線による細胞死の抑制、接触性過敏症の抑制、ケラチノサイトの移動の促進作用が報告されており、傷の治りを早めるのです。[*8]

また表皮にいるランゲルハンス細胞では、LPSの刺激に応答した炎症性サイトカインの誘導が見られません。むしろ、LPSの刺激で、免疫細胞を呼び寄せる炎症性ケモカインである「TARC」の発現が抑制されます。[*9]

LPSの刺激の伝達方法としては、ランゲルハンス細胞から伸びている樹状突起を介して、ということですが、とにかく、LPSはランゲルハンス細胞にも働きかけて、炎症を抑制しているのです。[*10〜12]

さらに、表皮では、T細胞のうち炎症を抑制的に制御するTreg細胞(regulatory

## LPSで活性化されたTreg細胞は好中球を抑制する

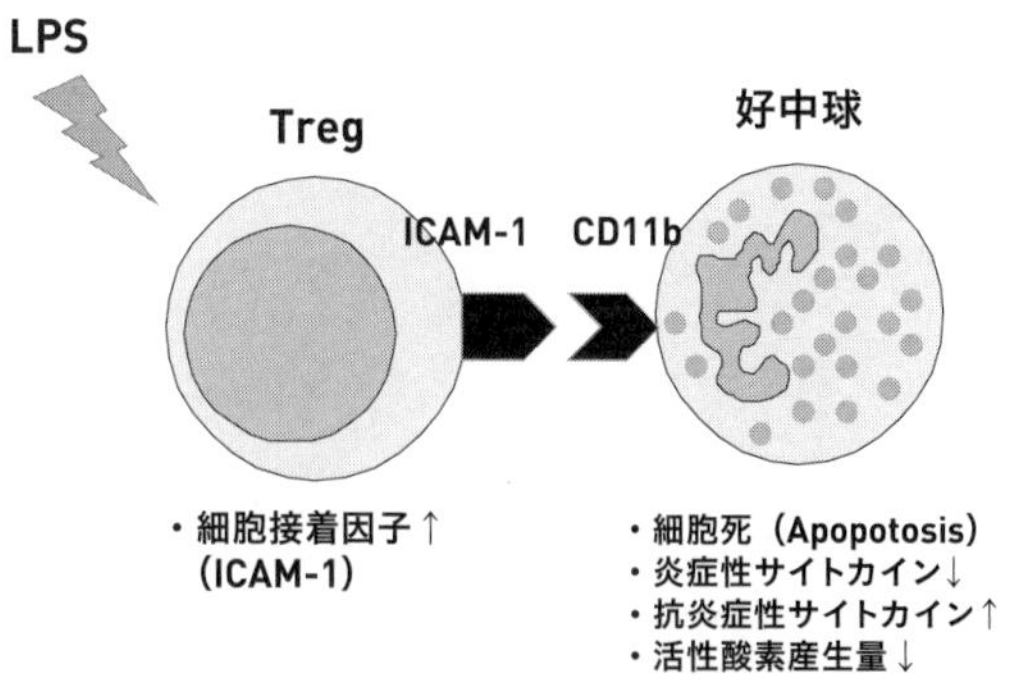


## LPSは、Treg細胞を介して好中球による炎症を鎮静化する

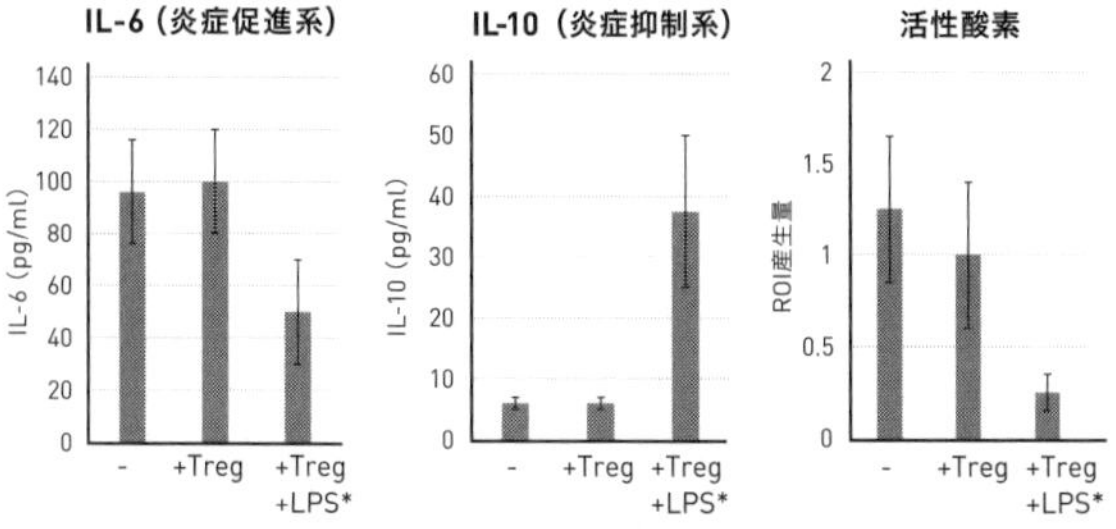


*TregをLPS（100ng/mL），48h処理後、好中球との共培養試験に供した。

※Immunobiology218: 455-464 (2016), Fig.3から

*TregをLPS（100ng/mL），48h処理後、好中球との共培養試験に供した。

※Immunobiology218: 455-464 (2016),Fig.2から

*TregをLPS（100ng/mL），24h処理後、好中球との共培養試験に供した。

※J Immunol177: 7155-7163 (2016),Fig.3から

## LPSによる炎症・アレルギーの抑制

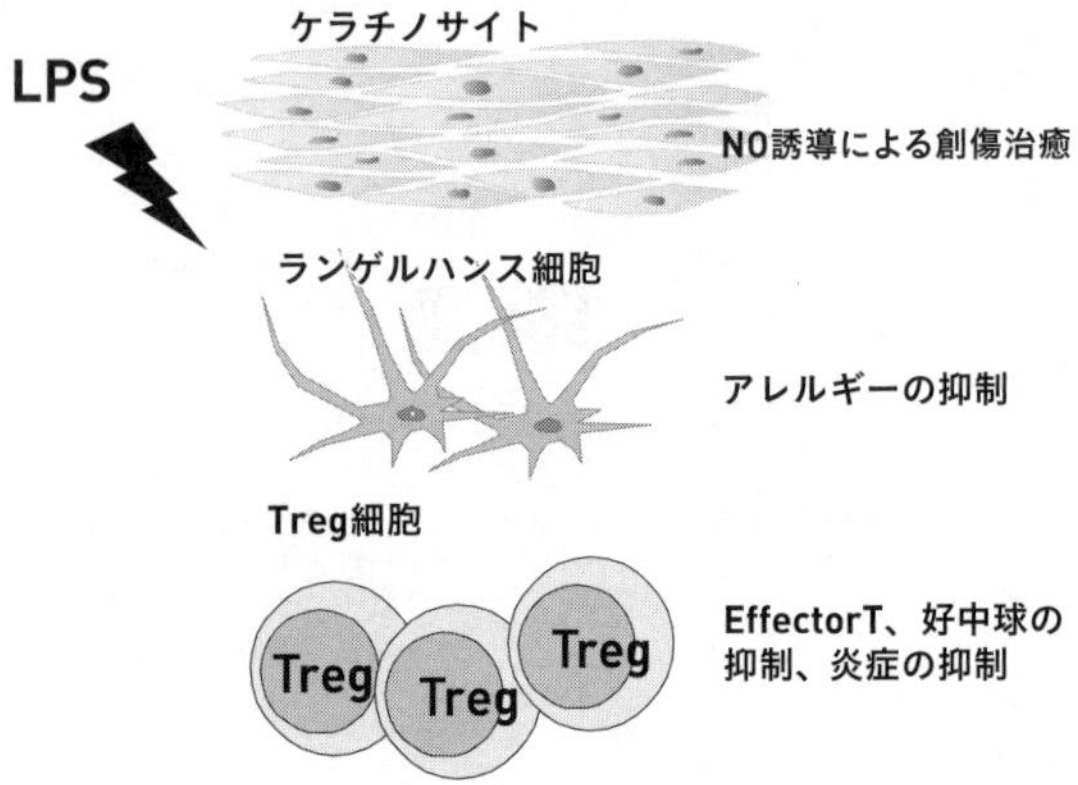


T cellが活性化され、活性化されたTreg細胞は、好中球の炎症作用を抑えます。

具体的には、好中球が産生する「IL-6」（炎症性サイトカイン）の発現を弱め、「IL-10」（炎症抑制性サイトカイン）の発現を高めます[*13]。

また好中球の作る活性酸素の量が減ります[*14]。

ちなみに、表皮のT細胞のうち、炎症を促進するほうのT細胞（Teff細胞）は、LPSに応答しません[*15]。つまり、LPSはTreg細胞を通じて、炎症を抑制します。

このように、表皮においてＬＰＳは肌荒れ、炎症を鎮めていく作用があります。アトピー性皮膚炎患者に対して、ＬＰＳ配合クリーム使用の効果を調べた実験において（Ｐ78参照）、特に自己評価によるかゆみの改善傾向が顕著であったことは興味深いことです。

かゆみは、アトピー性皮膚炎患者のＱＯＬ（生活の質）に大きく影響するとともに、バリア機能の破壊からアトピー性皮膚炎をさらに悪化させます。

アトピー性皮膚炎のかゆみに関して、近年注目されているのは、Ｔｈ２細胞によるＩＬ－31（脳のかゆみの感覚を伝える物質）の発現と、*16 ＴＳＬＰ（Thymic stromal lymphopoietin）による神経の活性化と、*17 およびNerve growth factorとSemaphorin 3Aの相対的な発現状態による神経線維の増加などです。*18

こういった現象とＬＰＳの関係は、これからのさらなる研究でより明らかになると思われますが、関連するいくつかの興味深い知見があります。

健常人の表皮には、炎症を抑制するＴｒｅｇ細胞が存在していますが、アトピー性皮膚炎患者においては、正常に機能していないと考えられています。[＊19]

一方Ｔｒｅｇ細胞は、「ＴＬＲ４」を発現しており、ＬＰＳに応答して、生存と増殖が促進されます。[＊15]

ＬＰＳで活性化されたＴｒｅｇ細胞は、炎症を誘導する好中球の機能を抑えて、炎症を抑制することも報告されています。[＊14]

このことから、ＬＰＳがＴｒｅｇ細胞を活性化することにより、炎症やかゆみの原因となるＩＬ‐31の発現が低下することも考えられます。

## ■ハリ・弾力・ツヤもＬＰＳにおまかせ

表皮の下にあるのは、真皮という皮膚組織です。

薄い表皮と違い、約数㎜の厚さ。その内部を酸素や栄養素を届ける毛細血管が通っています。

真皮を構成しているのは「繊維芽細胞」というもの。

この繊維芽細胞が、皮膚に弾力を与えるコラーゲンやエラスチン、ヒアルロン酸などを作っています。

しかし、加齢とともに、繊維芽細胞の数が減ることで真皮は痩せて（薄くなって）いき、皮膚のハリ・弾力や、それにともなうツヤも失われていきます。

見た目でも、いわゆる「老ける」という状態に。

とはいえ、そんなのは嫌だからといって、表皮につける化粧品から、コラーゲンやエラスチン、ヒアルロン酸を真皮に送り込めるかと言うと、前述したように、皮膚は簡単に物を通す構造にはなっていないので、無理です。

弾力などを高めるためには、真皮の繊維芽細胞を増やし、コラーゲン、エラスチン、ヒアルロン酸などを作る力を、内側から高めなければなりません。

つまりは、真皮の繊維芽細胞それ自体を元気にするしかないのです。

## LPSで刺激したマクロファージから分泌される増殖因子が繊維芽細胞の増殖速度を高める

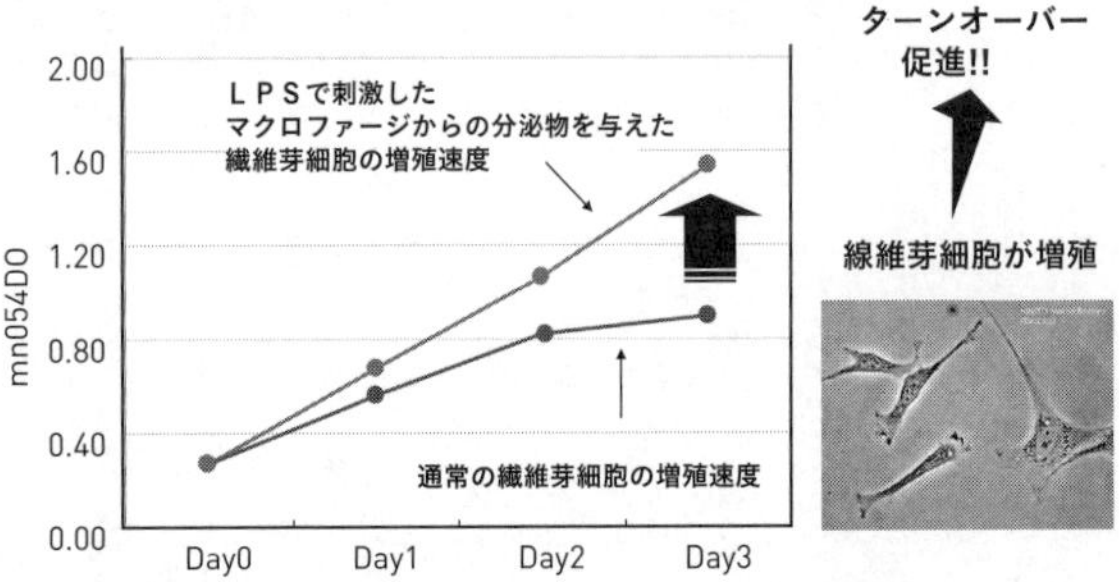


NBIRGB（ヒト正常線維芽細胞）に、THP-1（ヒトマクロファージ細胞）をLPSp（1μg/ml）で刺激して得られる培養上清を加え、増殖速度を調べた。

※自然免疫応用技研（株）調べ

## LPSは、繊維芽細胞でのヒアルロン酸、エラスチンの合成を促進する

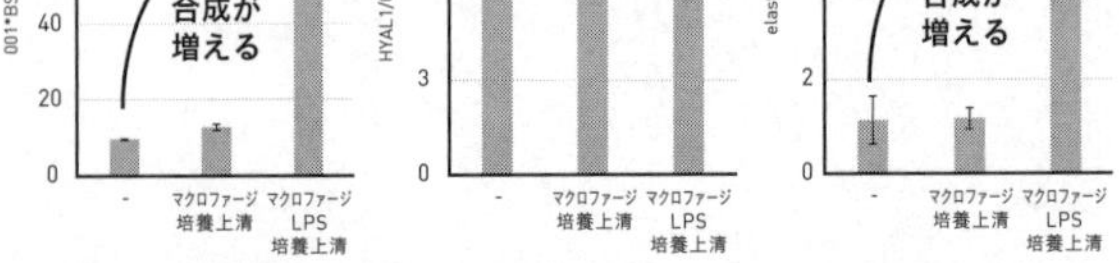


ヒト初代培養繊維芽細胞に、THP-1（ヒトマクロファージ細胞）培養上清またはLPSで刺激したマクロファージの培養上清を加え、24時間後の遺伝子発現を調べた。

※自然免疫応用技研（株）調べ

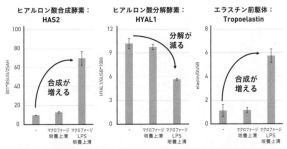

表皮から届かない皮膚組織の中のほうにある真皮を元気にする――。

そんな難問を解くカギは、実はここでもLPSが握っています。

LPSは表皮内へ入っていくに際し、顆粒層の下にいるランゲルハンス細胞の樹状突起と協調していることは、すでにお話ししましたが、残念ながら、浸透はそこまでで、LPSは直接真皮にまで到達することはありません。

けれども、LPSの刺激を受けた表皮の細胞が、免疫活性化のシグナルを真皮に伝えるのです。

この伝達システムを明らかにした細胞培養実験の結果では、LPSで刺激したマクロファージの培養液を繊維芽細胞に加えると、繊維芽細胞の増殖が促進され、ヒアルロン酸やエラスチンの合成力が高まることが示されています。

体の健康維持において、足らなくなっているものを補うとか、増えすぎているものを減らす必要がある場合には、外から介入するのではなく、〝体にそうさせるように仕向けること〟が最も安全で確実な方法だと思います。

その点、シグナルを伝えて肌免疫をパワーアップさせるというLPSの賢いやり方は、まさにそれの模範例だと言えるのではないでしょうか。

## ■光老化にも対処

顔の写真から画像処理でしわを消すと、実年齢より10歳若く見えるという研究結果があるそうです。

表皮だけしわが寄っている浅い小じわ、ちりめんじわは乾燥によるところが大きいです。

これは、湿った紙と乾いた紙を折りたたんで開いてみた時をイメージしてみてください。乾いた紙のほうが、折り目がしっかりついてしまいますよね。年をとっても、肌に保湿力があれば、しわになりにくいのです。

この保湿力は、細胞のバリア機能やホルモンの加減によっても変わってきます。浅いしわは、グリセリンやセラミドなどで保湿するとよくなります。

ＬＰＳは、水にとけても粘性が出る物質ではないので、肌の表面を物理的にカバーする効果はありませんが、肌細胞に働きかけて、バリア物質であるフィラグリンを誘導することで肌の保湿力を高めます。

ちなみに、フィラグリンが分解されてできるアミノ酸は、天然保湿因子・ナチュラルモイスチャリングファクター（ＮＭＦ）の主成分でもありますから、フィラグリンが増えるのは有難いです。

これらのＮＭＦや脂質が角質細胞の隙間にしっかりあると、肌の水分保持力が高くなります。

ただ、石鹸で皮脂やＮＭＦを洗いすぎると、乾燥が進み、しわの原因となるので、洗いすぎにはご注意を。

一方、表皮だけではなく真皮まで折りたたまれている深いしわ。たとえば目尻や

## UVAとUVB

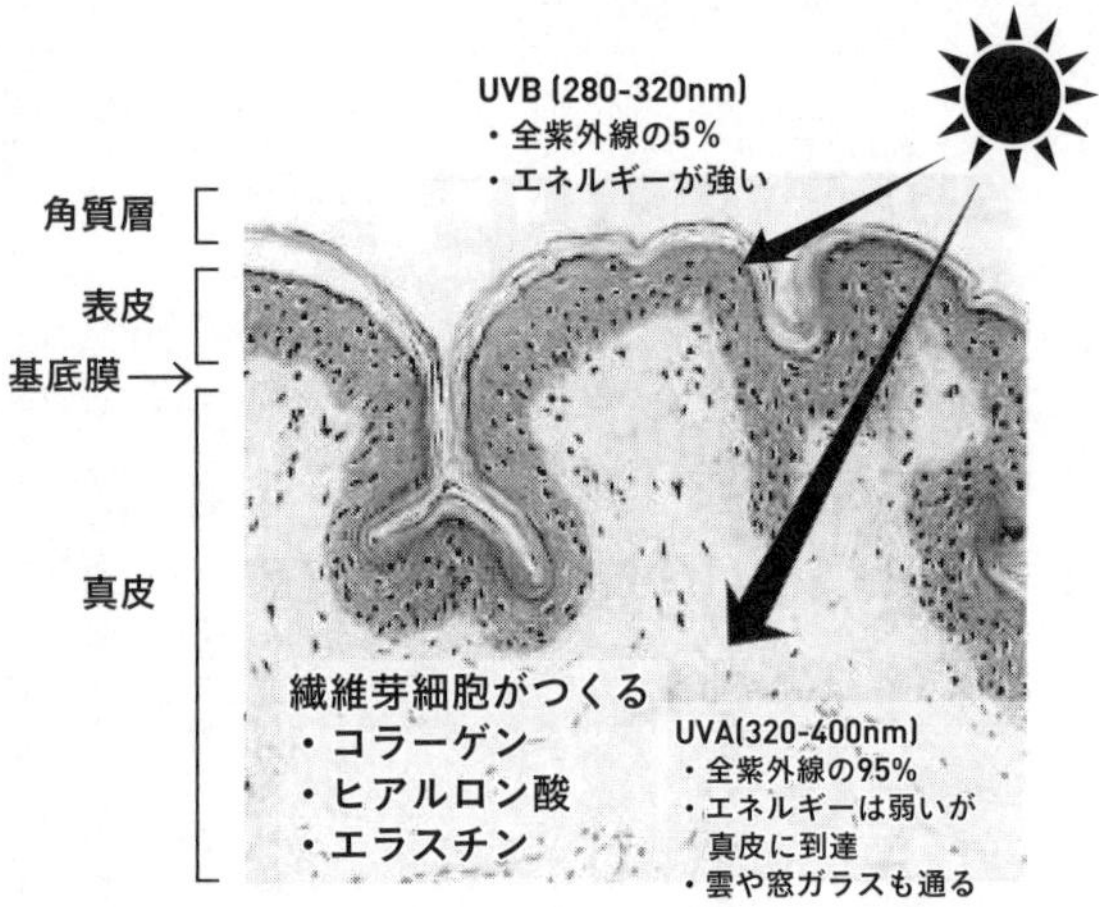


眉間に見られる線状のしわ、頬や首に見られる線が交差して図形のように見えるしわなど。これらのしわは主として紫外線（UV）による光老化が原因です。光老化は、皮膚の老化原因の8割にのぼると言われています。

紫外線は、波長によって大きく二つに区別されますが、波長が280－320㎚と短いUVB波は、（私たちが受け取る）全紫外線の5％程度。このUVB波はエネルギーが強く、表皮にダメージを与えます。夏場に海水浴に行って、真っ赤にやけどしたようになるのは、このＵＶＢ波のためです。

これに対し、波長が長いほうのＵＶＡ波（波長３２０－４００nm）は、全紫外線の95％程度。雲や窓ガラスも通ることができ、真皮に到達してダメージを与えます。エネルギーが強いのはＵＶＢ波ですが、ＵＶＡ波は圧倒的に量が多く、真皮にダメージを与えるので深刻です。

真皮は、膠原《こうげん》繊維（膠《にかわ》のような繊維）であるコラーゲン、弾性繊維（伸張性のある繊維）であるフィブリンやエラスチン、保湿にも働くヒアルロン酸やコンドロイチン硫酸などでできています。

いわば真皮はベッドのマットレスのようなもので、皮膚に弾力を与えていると、たとえられるかもしれません。

そのマットレスの詰め物がコラーゲンであり、フィブリンやエラスチンがスプリングになるでしょうか。

さて、この真皮の構成物に対して、紫外線を照射すると、コラーゲンの繊維構造が崩壊したり、フィブリンやエラスチンが絡まって弾力性がなくなることが報告されています。

そこで、多くの人々に使用されているのが、ＵＶカットをうたっている化粧品ですが、ＵＶカット化粧品には、どれにも「ＳＰＦ」という表示がついています。

「ＳＰＦ」とは、Sun Protection Factorの略で、ＵＶＢ波に対する防御効果を表すもの。数字が大きいほど効果があるということを示し、ＳＰＦ20なら、ある程度の日焼けをする時間を20倍遅らせることができる、という意味です。ＳＰＦ50なら、50倍遅らせられる……ということになります。

また「ＰＡ」というのもありますね。ＰＡはProtection Grade of UVAの略。＋印でＵＶＡ波に対する防止効果を示しています。＋一つは「効果がある」、＋＋はかなり効果がある、＋＋＋は「非常に効果がある」、＋＋＋＋は「極めて高い効果がある」、を示しています。

## ＬＰＳは紫外線ダメージを鎮め、皮膚再生を促す

さて、ＬＰＳは、肌に塗っても紫外線をブロックする作用はありません。

しかし、ＵＶＡ波やＵＶＢ波でダメージを受けた皮膚細胞の炎症を抑え、再生を助けます。

たとえば、ＬＰＳは、ケラチノサイトを刺激して一酸化窒素を作らせます。皮膚において一酸化窒素は、紫外線による細胞死を抑制します。

また一酸化窒素はケラチノサイトの移動を促進するのですが、このことは、傷を治す時に重要です。

さらにＬＰＳは炎症を鎮めていくＴｒｅｇ細胞を介して、好中球が活性酸素を出すのを抑制します。つまりＬＰＳは、紫外線で引き起こされる炎症を早く鎮めることができます。

またＬＰＳは、すでに述べたように、ケラチノサイトのオートファジーを促進するので、紫外線で傷んだ皮膚細胞を早く生まれ変わらせるのに役立っているかもしれません。

皮膚に塗ったＬＰＳは真皮にまで入り込むことはできませんが、表皮の細胞を活性化して、真皮の繊維芽細胞の増殖を促し、またヒアルロン酸やエラスチンの産生を高めることも前述しました。

このように、ＬＰＳは紫外線による皮膚の光老化の影響を抑えていくことに役立つと言えます。ＵＶカット化粧品と併用するといつまでも若々しい肌を保てるのではないでしょうか。

## ■しわと骨とＬＰＳの密な関連

人間誰しも、年を取ることに抗えませんが、特に中年女性の場合、同じような年齢なのに、やたら目尻の小じわが目立つ人とそれほどでもない人と、確かに分かれるようです。

小じわだけではなく、両頬から顎《あご》にかけてのフェイスラインもどこかもったりとして、緩んでたるんだ感じに……。

そのようないわゆる「老け顔」になることについては、日頃の肌ケアをはじめ、さまざまな要因があると思いますが、実は骨密度との関連も考えられるのです。

女性は、往々にして40歳を過ぎた頃から、骨密度が減少してきます。

年を取るにつれ、新陳代謝が低下して、骨が細くもろくなっていくわけですね。平均して女性の骨密度は、45歳から65歳までの間に約20％下がるとも言われています。閉経後の女性ホルモン（エストロゲン）低下も見逃せない要素ではありますが、骨粗しょう症のリスクも高くなります。骨粗しょう症は、骨折を招くことで寝たきり状態や認知症への引き金にもなりますから、十分な注意が必要です。

## 骨密度の経年推移

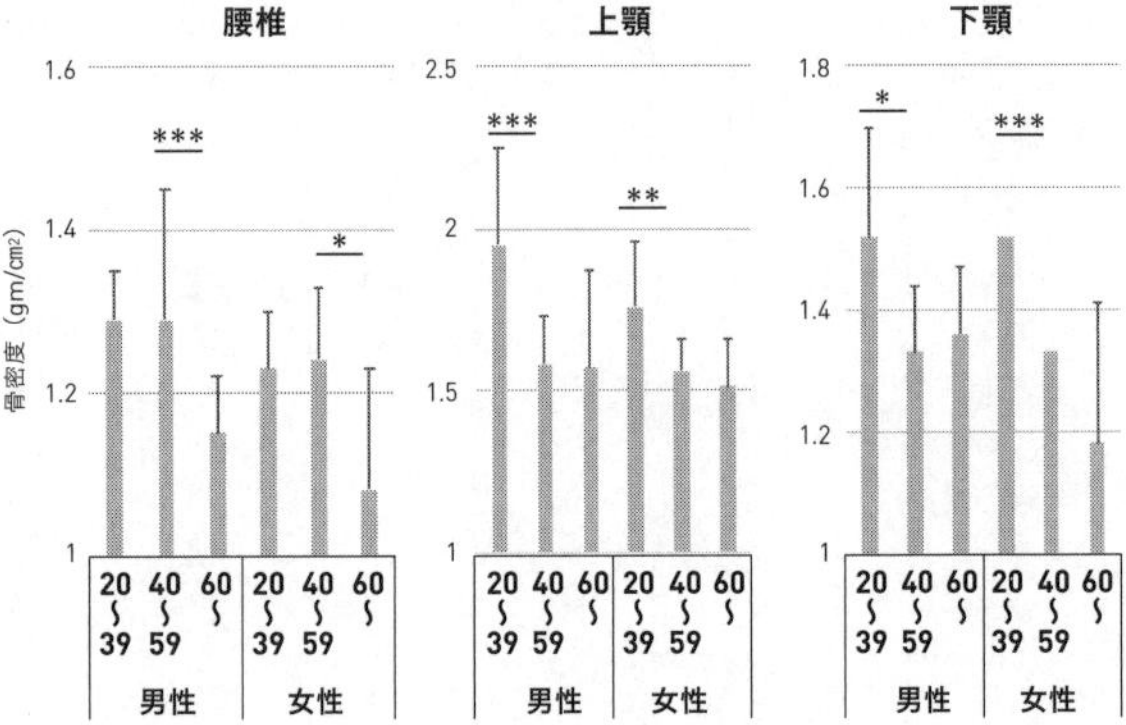


※Aesthetic Surgery Journal 32（8）: 937-942から改変
＊＊＊：P<0.001、＊＊：P<0.01、＊：P<0.05

ところで、足腰や腕の骨と同様に、当然ながら顔面の骨も年齢とともに骨密度が低下します。すなわち、顔全体の骨が縮んでくるのですね。

骨密度の減少が進むと、容貌を作っている顔の骨も、若い頃のまま、というわけにはいきません……。眼窩《がんか》の大きさが広がり、頬の内側の骨が薄くなり、顎の骨が小さくなってきます。

すると、その上を覆っている皮膚にたるみが生じ、目尻にはちりめんじわが寄り、もたつく顎あたりにも細かなしわが……。

顔における骨密度の低下は、筋肉や脂肪の減少と相乗的に働いて、顔の形態を変えていきます。

つまりは、高齢者の顔の典型的な外観になってくるということです。

驚くことに、若年、中年、高年で骨密度の推移をグラフ化すると、腰椎での骨密度低下よりも、顔の上顎、下顎の骨密度低下のほうが早く表れるのです。

具体的にいうと、腰椎は、中年から高年にかけて低下が顕著ですが、上顎、下顎では中年から低下が見られます。[*20]

## 骨から美人になる！

逆に、顔の骨がしっかりしていれば、若々しい顔が持続します。

そうした老け顔の予防と改善にも、ＬＰＳの存在が欠かせません。

骨の生成はマクロファージと深くかかわっており、さらにＬＰＳが大事な役割を担っているため、その活性化を促せば、若返りも可能なのです。

## 骨密度維持のメカニズム

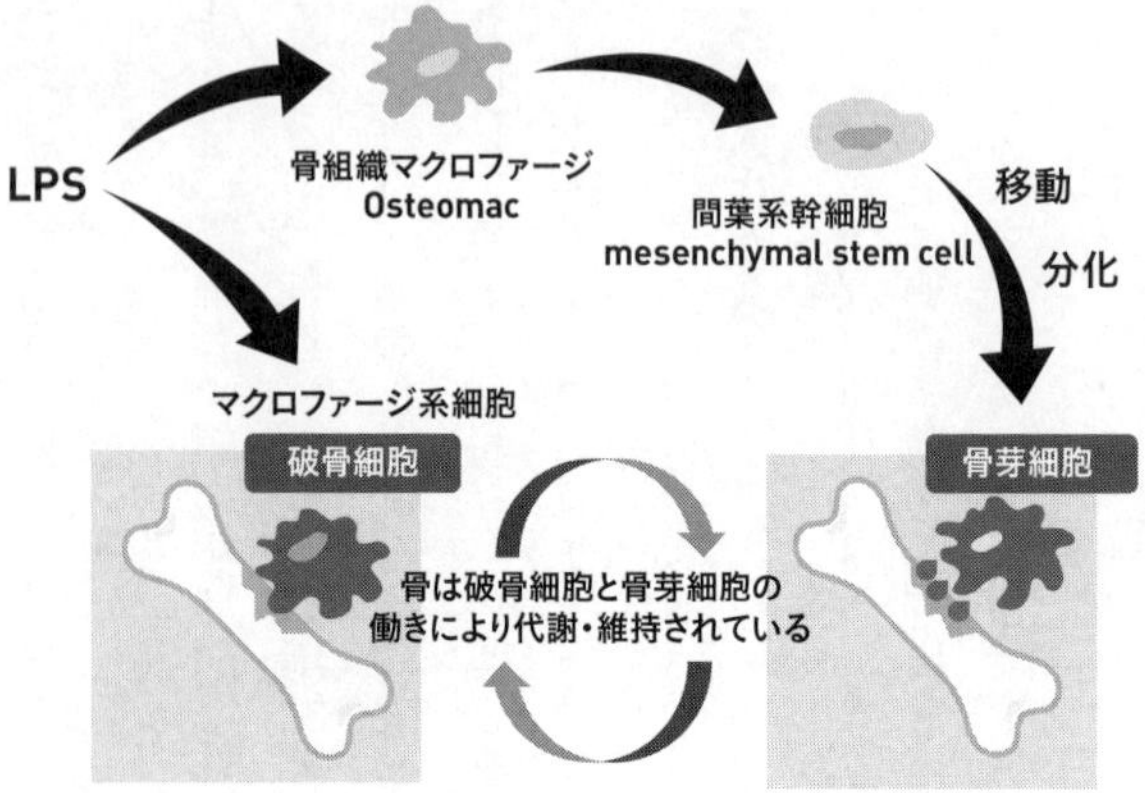


骨は、いったんできたら硬いまま変わらないように思えるかもしれませんが、実際には新陳代謝されており、1年で約20〜30％は生まれ変わっています。

どのようにして生まれ変わっているかというと、まず、骨を削る役目の「破骨細胞」が古い骨を溶かして除き、その後に、「骨芽細胞」という骨を作る役目の細胞がビタミンDやカルシウムなどに助けられながら、骨の石灰化を進めます。こうした両方の細胞がバランスよく働くことによって、しっかりと骨ができる――という仕組みです。

骨は、体を支える骨格になっていることはもちろんですが、カルシウムのリザーバーともなっています。

骨は、カルシウムを貯蔵するとともに、必要な時にカルシウムを放出しているので、常に、削ったり作ったりという代謝を行なっているわけなのです。

作るためには削らねばならず、どちらも偏りなく作業される必要がありますが、この過程においてＬＰＳは、骨吸収も活性化するし、骨形成も活性化することがわかっています。なんと両方に働く作用をしているのですね。

具体的には――。骨の組織マクロファージはＬＰＳの刺激によって，オンコスタチンＭという物質を分泌し、オンコスタチンＭは、間葉系幹細胞が骨芽細胞へ分化することを促します。[*21]一方、骨を削る破骨細胞はマクロファージ類縁細胞（仲間の細胞）で、ＬＰＳによって活性化されます。[*22]

こうして、ＬＰＳは骨の代謝に必要な2種類の細胞を活発化することで、正常な骨代謝を促進し、骨密度低下も抑制してくれます。

## LPSは骨密度低下を抑制する

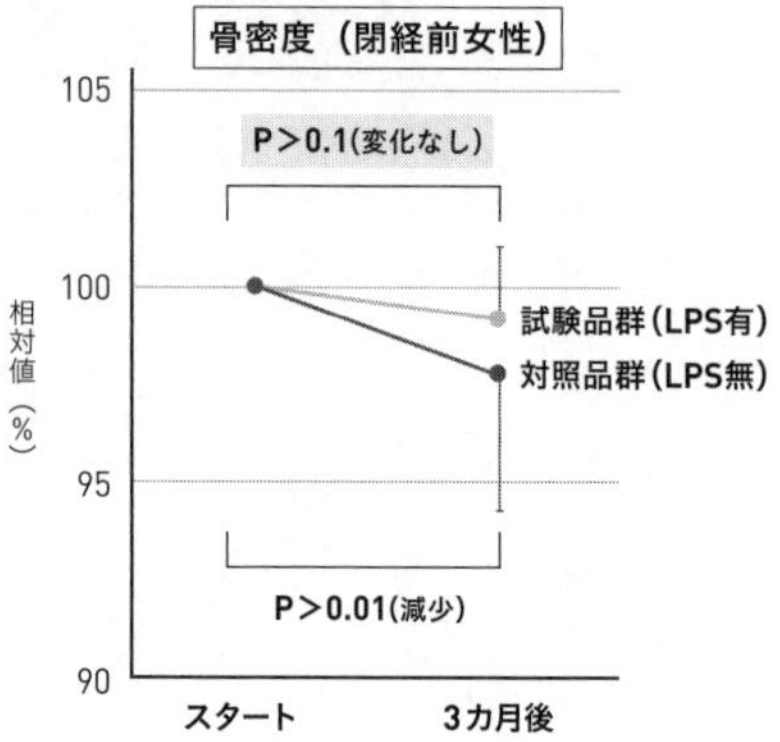


実際に、ＬＰＳの骨代謝を促進する働きをはかった調査では、ＬＰＳを配合した飲料を摂取することで、骨密度の低下が抑制される結果が示されています。[*23]

具体的には、骨粗しょう症予防に有効性が認められているイソフラボン（女性ホルモン：エストロゲン様作用を持つ）を含む豆乳をベースに、骨の成分であるカルシウムを強化し、さらにパントエア・アグロメランスＬＰＳを配合した粉末豆乳を使い、40歳以上の女性を対象として、ダブルブラインドにて骨密度の推移の影響について調べました。

その結果、閉経前女性群では、３カ月の間に統計的有意差をもって骨密度が下がっているところが示され、ＬＰＳ配合豆乳を摂取した群は、スタート時と３カ月後の骨密度に統計的有意差がないので、スタート時の骨密度が維持されていることが示されました。

だから老け肌を脱却したい方は、ＬＰＳの摂取をぜひ心掛けていただきたいのです。骨の若返りの仕事は、ＬＰＳの肩（？）にかかっている――と言っても過言ではないのですから。

ＬＰＳの摂取で骨の老化を予防し、骨から美人になりましょう。

とはいえ、すべてをＬＰＳだけに頼るわけにもいきません。

骨の生成には、その他にも必要なものがあります。

体に積極的に摂り込むべき栄養素としては、カルシウムや、カルシウムの吸収を助けるビタミンＤ、それとビタミンＫが代表的。

カルシウムはチーズや牛乳や干しエビなどに、ビタミンＤは鮭やサンマやマイタケなどに、ビタミンKは納豆や緑黄色野菜などに豊富に含まれています。

もちろん、適度な運動も必要です。

最近では、「かかと落とし」という運動が、骨の健全な新陳代謝を促すとして注目を浴びているようですが、これは、足を揃えた立ち姿勢からつま先を残したまま、両方のかかとを上げ、地面（あるいは床）にトン、トン、と、力がかかるように落としていくもの。

おおよそ2秒に1回、かかとに垂直加重で力をかけていくことにより、その衝撃振動が全身の骨に伝わり、骨を作る細胞が活性化すると言われます。

さらには、この「かかと落とし」を励行することによって、若返りのメッセージを全身の臓器などに伝える「オステオカルシン」というホルモンが分泌されることもわかっています。

手軽で簡単な運動ですから、スーパーマーケットやコンビニでレジ待ちをしている時や、駅のホームで電車を待っている間など、ちょっとした時間を見つけては、頻繁にやってみるのがよいでしょう。

その際、目には見えないながら、体の中で日夜、骨の生成作業に黙々と尽力しているＬＰＳのことについても、どうか思い至っていただけたら、と願います。

＊1 Propionibacterium acnes Activates the IGF-1/IGF-1R System in the Epidermis and Induces Keratinocyte Proliferation, J Invest Dermatol 131: 59-66 (2011)

＊2 Expressions of beta-defensins in human keratinocyte cell lines. J Dermatol Sci 27(3): 183-191, (2001)

＊3 The signaling involved in autophagy machinery in keratinocytes and therapeutic approaches for skin diseases, Oncotarget 7 (31): 50682-50697 (2016)

＊4 Toll-like Receptor 4 Is a Sensor for Autophagy Associated with Innate Immunity, Immunity 27: 135-144 (2007)

＊5 Lipopolysaccharide induces bacterial autophagy in epithelial keratinocytes of the gingival sulcus, BMC Cell Biology 19:18 (2018)

＊6 Atopic dermatitis and filaggrin, Current Opinion in Immunology 42: 1-8 (2016)

＊7 Inducible Nitric Oxide Synthase Downmodulates Contact Hypersensitivity by Suppressing Dendritic Cell Migration and Survival. Journal Invest Dermatol 130 : 464–471 (2010)

＊8 Nitric oxide function in the skin, Nitric Oxide 10 : 179-193 (2004)

＊9 Differential Expression and Function of Toll-like Receptors in Langerhans Cells: Comparison with Splenic Dendritic Cells, J Invest Dermatol 122: 95-102 (2004)

＊10 External antigen uptake by Langerhans cells with reorganization of epidermal tight junction barriers. J Exp Med 206 (13): 2937-2946, (2009)

＊11 Loss of TLR2, TLR4, and TLR5 on Langerhans cells abolishes bacterial recognition. J Immunol 178(4): 1986-1990 (2007)

＊12 Differential expression and function of Toll-like receptors in Langerhans cells: comparison with splenic dendritic cells. J Invest Dermatol 122(1): 95-102, (2004)

＊13 Apoptotic epithelial cells control the abundance of Treg cells at barrier surfaces, Nature Immunobiology 218: 455-464 (2016)

＊14 Lipopolysaccharide-Activated CD4+CD25+T Regulatory Cells Inhibit Neutrophil Function and Promote Their Apoptosis and Death, J Immunol 177: 7155-7163 (2006)

＊15 Regulatory T Cells Selectively Express Toll-like Receptors and Are Activated by Lipopolysaccharide, J. Exp Med. 197:

403-411 (2003)
*16 IL-31: a new link between T cells and pruritus in atopic skin inflammation. J Allergy Clin Immunol 117(2): 411-417, (2006)
*17 The epithelial cell-derived atopic dermatitis cytokine TSLP activates neurons to induce itch. Cell 155(2): 285-295(2013)
*18 Decreased production of semaphorin 3A in the lesional skin of atopic dermatitis. Br J Dermatol 158(4): 842-844(2008)
*19 Absence of T-regulatory cell expression and function in atopic dermatitis skin. J Allergy Clin Immunol 117(1): 176-183, (2006)
*20 Facial bone density: effects of aging and impact on facial rejuvenation. Aesthetic Surgery Journal 32(8): 937-942
*21 Induction of Osteogenesis in Mesenchymal Stem Cells by Activated Monocytes/Macrophages Depends on Oncostatin M Signaling. STEM CELLS 30: 762–772(2012)
*22 Lipopolysaccharide Promotes the Survival of Osteoclasts Via Toll-Like Receptor 4, but Cytokine Production of Osteoclasts in Response to Lipopolysaccharide Is Different from That of Macrophages. J Immunol 170: 3688-3695(2003)
*23 Pantoea agglomerans lipopolysaccharide maintains bone density in premenopausal women: a randomized, double-blind, placebo-controlled trial. Food science & nutrition 2(6): 638-646(2014)

# 第４章　毛細血管を増やし拡張させる驚きのＬＰＳ効果

## ■毛細血管は生命活動の要のライフライン

ひと口に、「血は赤い」とか「赤い血」と言いますが、動脈と静脈では赤の色みがやや異なります。

動脈を流れる血液は、肺で酸素をキャッチした赤血球を多量に含むので鮮やかな赤色。それに比べて二酸化炭素が多い静脈は、やや暗い赤色をしています。

心臓を拠点として体内の各地域へ向かう〝下り〟の血管が動脈であり、その反対に心臓に向かう〝上り〟の血管が静脈です。

心臓から勢いよく送り出される動脈の拍動は強く、静脈のそれは弱い――など、動脈と静脈についての知識はわりと広く知られているところですが、これらの血管は、道路にたとえれば、いわゆる幹線道路です。

一方、これらの幹線道路から分岐して、入り組んだ路地に網の目のように細かく張り巡らされている細い血管の存在があります。毛細血管と呼ばれるもので、体の隅々の細胞に酸素と栄養分を配り、また細胞から排泄された老廃物や二酸化炭素を回収するための血管です。

直径は約10μm（１／１００㎜、髪の毛の太さの約10分の１）。細胞１個が通れるぐらいの極細サイズですが、仮に体内の毛細血管をみんなつなげたとすると、その全長は地球２周半にも及び、動脈、静脈、毛細血管を全面積で比較したなら、毛細血管がなんと99％を占めます。

血管の中はどうなっているかと言うと、動脈と静脈の血管の場合は、内側から内皮細胞で裏打ちされた内膜－中膜－外膜の３層構造。

これに対し、毛細血管は、薄い基底膜で覆われた内皮細胞層１層のみです。

しかしながら、大変しなやかな構造にできており、栄養素や老廃物をやりとりできる隙間（いわば作業空間ですね）があります。

つまり、栄養素や老廃物が通り抜けられる程度に、毛細血管壁を作っている細胞と細胞の接着が少々緩いということです。

さらには細胞壁が柔らかくできているので、血液の流れが減速し、物質交換をしっかりと行うことができます。

## ■肌のしみ・しわ・たるみ等が示す毛細血管の劣化や老化

さて、毛細血管の状態を見れば、その人の健康状態がわかるとも言われ、今、この毛細血管の重要性が注目されています。

体の隅々に酸素と栄養素を届け、老廃物を回収して回る――そうした大事な役割を担う実働血管であればこそ、この毛細血管が健全かどうかが、全身の健康や美容にも密接に関係するわけなのです。

むろん他の器官同様、毛細血管も加齢によって老化します。

老化すると、長さが短くなったり、汚れがこびりついてコブができたり、ねじ曲がったりした形態になります。

また、毛細血管外部の体液が濁って、顕微鏡写真で毛細血管がぼんやりとしか観察できなかったりします。いわゆる「ゴースト血管」などと呼ばれているものです。ゴースト血管になってしまうと、すなわち毛細血管が劣化していると、どうなるでしょう。

たとえば胃腸では、粘膜は小さな襞《ひだ》でおおわれていますが、その襞の内側に無数の毛細血管が存在しています。この毛細血管が劣化すると、腸管上皮細胞の新陳代謝が滞り、その結果消化活動が鈍ります。そのことが、胃もたれや胃腸炎の原因にもなります。

腸の消化活動が衰えると、しみや肌荒れなどの肌トラブルにもつながります。

脳だって、毛細血管が詰まると、脳梗塞や神経細胞の壊死が起こります。

腎臓内部にもたくさんの毛細血管が集まっていて、腎機能と毛細血管は密接に関係します。腎臓は塩分－水分のコントロールで血圧調節をしますので、毛細血管の状態いかんで高血圧にもなる可能性があります。

毛細血管は、粘膜に水分を運ぶ役割も担っているため、粘膜の毛細血管が劣化していると、粘膜が乾き、たとえば目が乾いてドライアイになるとか、鼻炎になりやすくなります。粘膜はウイルスが取り付くのを防ぐ役割もありますから、粘膜に潤いがないと、感染症にかかりやすくなります。

「ゴースト血管」は、加齢によらずとも、若い人でもなる場合があるので、若いからといって安心はできません。

いずれにせよ、毛細血管が正常な状態にないと、体に病が生じかねず、また肌トラブルも招きかねませんから、日頃より注意が必要です。

しみ、しわ、たるみ等、特に女性たちにとって悩ましい肌状態は、こうした毛細血管の劣化や老化も原因になっていると思われます。

皮膚では、毛細血管は真皮に入り込んでいて、真皮細胞に酸素と栄養を運び、老廃物を受け取って捨てる役割を果たしています。

この真皮の毛細血管が劣化すると、真皮に栄養がいきわたらず、真皮が痩せてきて、真皮で作られるコラーゲンや、ヒアルロン酸も減ってきます。

肌に弾力を与えている真皮がこうなると、肌のハリ・ツヤが失われてきます。

髪の毛も同じこと。後述しますが、頭皮の毛細血管がゴースト化して血流が悪くなると、髪の毛の素となる毛母細胞に栄養がいきわたらず、抜け毛、薄毛の原因となります。

## 毛細血管には可塑性がある

よく、何十年ぶりかで同窓会に出席してみたところ、年齢よりも若く見える人と老けて見える人とがいて、笑ったとか驚いたとかいう年配者の話を聞きます。

そんな時、自分が〝老けて見える〟側にいると悟ったなら、どうでしょう。

同年齢なのに……ちょっとショックですよね。

けれど、必ずしも〝逆転〟が不可能ではありません。

なぜなら、毛細血管は可塑性を持っているのです。

可塑性とはすなわち、弱りへたってしまうこともあるけれど、元気を取り戻すことができる場合もあり、というわけです。

この特徴ゆえ、年齢や性別を問わず、私たちは自分の体の毛細血管を増やしたり、劣化した状態を健全にしたりすることも可能です。

具体的なパワーアップの方策としては、なんといっても、バランスの良い食事、質の高い睡眠、適度な運動、ということが基本になりますが、実は、免疫を活性化するLPSの摂取で、毛細血管が増えることが臨床試験で示されています。

つまり、LPSが体の内側から肌の若返りをバックアップしてくれるわけです。

## ■実証——毛細血管がLPSで増えた！

LPSを口から摂取することによって、毛細血管が増える、という事実をご説明しましょう。

まず、シャーレの中で培養したマクロファージにＬＰＳを加えると、マクロファージは強く活性化して形態が変わり、一酸化窒素やサイトカインが分泌されたり、老廃物を貪食する機能が高まることがよく知られています。

一方、ヒトや動物がＬＰＳを口から摂取すると、いろいろな疾患の予防改善効果が見られることを私たち研究グループは見いだしました。

このことは、ＬＰＳによる消化管粘膜での免疫細胞の活性化が、その局所だけではなく、全身に波及することを示しています。

つまり、ＬＰＳを食べると、消化管に居るマクロファージだけではなく、離れた場所にいるマクロファージも活性化されると考えられるのです。

さて、血管の伸長には、血管内皮細胞増殖因子（ＶＥＧＦ）というタンパク質が必要です。マクロファージはＶＥＧＦを産生しますが、活性化することで、より産

## 血流維持に関するダブルブラインド試験

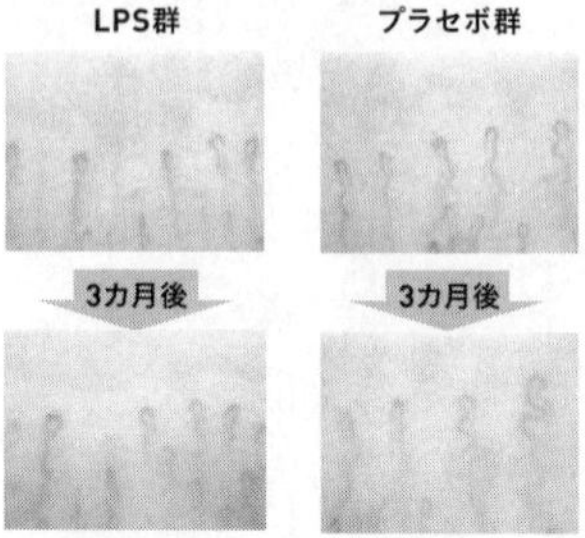


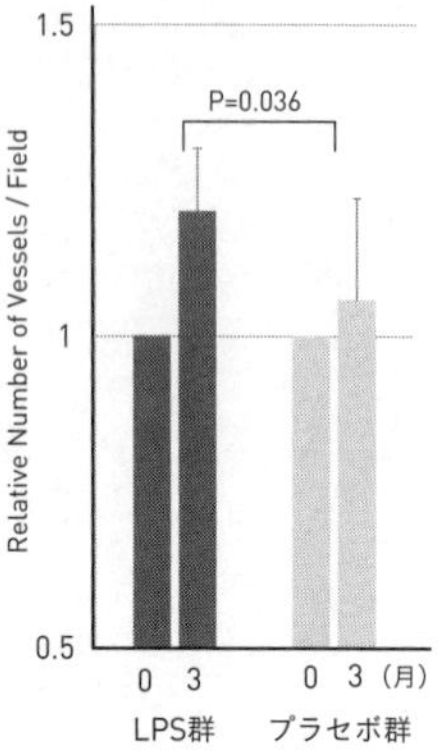


LPS配合サプリメント(LPSとして0.25mg/粒)を用いた並行群間比較ランダム化ダブルブラインド試験。サプリメントの摂取期間は3カ月。指先の毛細血管数において、LPS配合サプリメント摂取群はプラセボ群よりも有意な増加が認められた。

生量は増加します。

そこで私たち研究チームは、ヒトがＬＰＳを食べることで、毛細血管に良い影響が出るのかどうかを調べました。

この試験では、ＬＰＳを配合したサプリメントとプラセボを準備し、被験者に無作為に配りました。臨床試験を管理する医者も、被験者も、ＬＰＳ配合品とプラセボのどちらを摂取しているかわからないようにしたダブルブラインドという方法。毛細血管の状況は、指先を調べる専用のスコープで観察し、写真撮影して調べています。

**指先で毛細血管の状況を調べる専用スコープ**

毛細血管観測装置（あっと株式会社）

そうして3カ月後。

ＬＰＳ配合サプリメントの摂取を行う前と、行った後の指先毛細血管の状態を比較すると、ＬＰＳ配合サプリメントを摂取した人のほうが、プラセボを摂取した人よりも、毛細血管の数が増えるという結果が示されました[*1]。

この結果は、単に毛細血管の周りで、マクロファージのＶＥＧＦ産生量が上がったことだけによらないと思います。

免疫の活性化は、体全体の不要物排除能力と自然治癒力を高めるので、その結果が毛細血管に表れた、ということも関連しているはずです。

## ■LPSで育毛効果も上がる

発毛のメカニズム――髪の毛が伸びるとはどういうことかと言えば、頭皮の下に隠れている根元のところで細胞が分裂し、上に上に細胞を押し上げてきているということです。

押し上げられて、頭皮の上に見えている髪の毛の部分は、言うなら、死んだ細胞の連なったものです。

頭皮の下に隠れている髪の毛の根元部分、つまり毛根は、下部がちょっと膨らんだ形をしていて、その先端が少し窪んでおり、そこに「毛乳頭細胞」というものが収まっています。

毛乳頭細胞は、毛細血管から栄養分を受け取ると、毛根の最下部で毛乳頭細胞を取り囲むように並んでいる「毛母細胞」に、分裂の指令を出します。

そうすると毛母細胞は分裂していき、分裂してできた細胞は、上へ上へと押し上げられます。

とはいえ、頭皮から上に出る頃には、その細胞たちは死んでしまっているわけなのですが、細胞が作った有益な物質が残されます。

それは、細胞が生きている時に作ったケラチンというタンパク質。

そのケラチンとともに、ところてん式に押し上げられていくということが、すなわち髪の毛が伸びる、ということなのです。


ところで、髪の毛は無限に伸びるでしょうか？

言い換えれば、毛母細胞は無限に分裂するか、という疑問ですが、実は限度があります。男性では３年～５年、女性では４～６年くらいが、ヘアサイクル（髪の毛の一生）とされています。

ヘアサイクルによって、毛母細胞は分裂を一時休止。その間に、毛根は委縮し、髪の毛が抜けます。休止期は約３～４カ月です。

髪の毛の総本数は10～12万本と言われており、うち休止期に入るのは10％ぐらいで、1日に50～100本の髪の毛が自然脱毛するのが平均的です。

仮に1カ月に1㎝髪の毛が伸びるとすると、1年で12㎝。ヘアサイクルを6年だとすると単純計算で72㎝、ここまで来ると抜け落ちるというわけです。

「百人一首かるた」には、十二単《ひとえ》に自分の身長よりも長い髪を美しく流している女性が描かれていますが、実際あんなに長くまで髪を伸ばせたのかどうか……。知り合いの美容師いわく、「昔の人は毎日髪を洗わないので髪への負担が少なく、ヘアサイクルが長かったのかもしれないですね」と。

ふーむ。でも、ヘアサイクルが長いというのは、毛母細胞の分裂回数が多いとか、分裂速度が速いとか、そうしたパワフルな要素があればこそ。そもそも、頭皮環境がひ弱になっていたなら、お話にはなりません。

いずれにせよ、毛母細胞の活動を活発化させることが、元気な毛を育てる基本。

毛母細胞の分裂活動は、毛細血管から栄養分を受け取った毛乳頭細胞の指令によるものですから、毛乳頭細胞につながるスムーズな栄養補給線（＝健全な毛細血管からの血流）が、キーポイントになります。

## 育毛とLPS

前述したように、ＬＰＳに毛細血管を増やす作用があることは、すでに明らかになっています。

このことは、育毛にとってプラスに働くのは間違いありません。

事実、次のような実験報告が出ています。

背中の毛を剃ったマウスにＬＰＳを経口または経皮投与。すると、何もしないマウスよりも毛の生え揃ってくるのが早いことが示されたとのことです。[*2]

もちろん、マウスの毛と人間の髪の毛は、同じではありません。

人間の毛包単位のヘアサイクルは同調していませんが、マウスの毛は同調しています。同調というのは、〝一斉に生える〟ということです。

## LPSの育毛効果

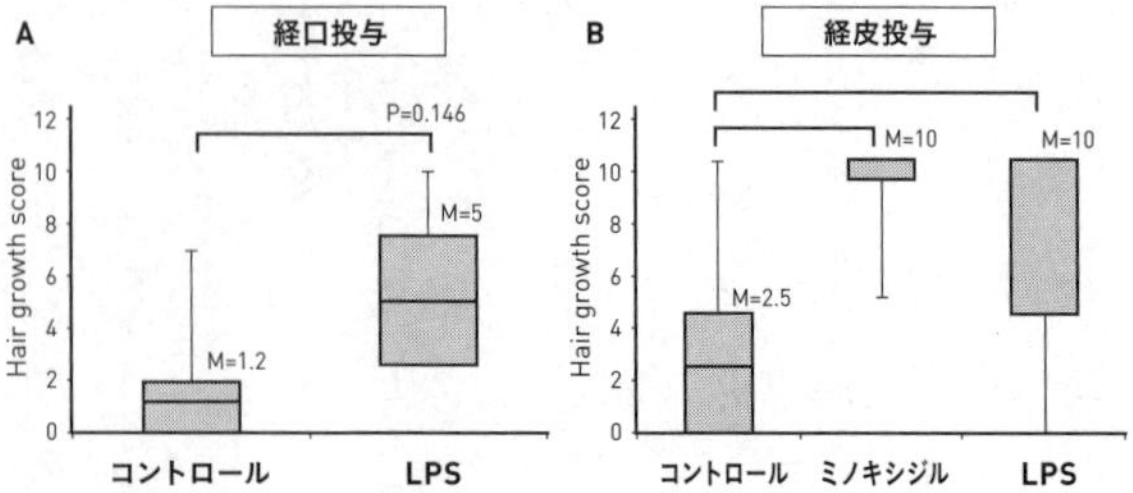


マウスの背中の毛を剃り、経口または経皮投与し、2週間後の時点で、
育毛スコアを比較。

※Anticancer Res. 36: 3687-3692 (2016) から改変

## 毛乳頭細胞に対するLPSの効果

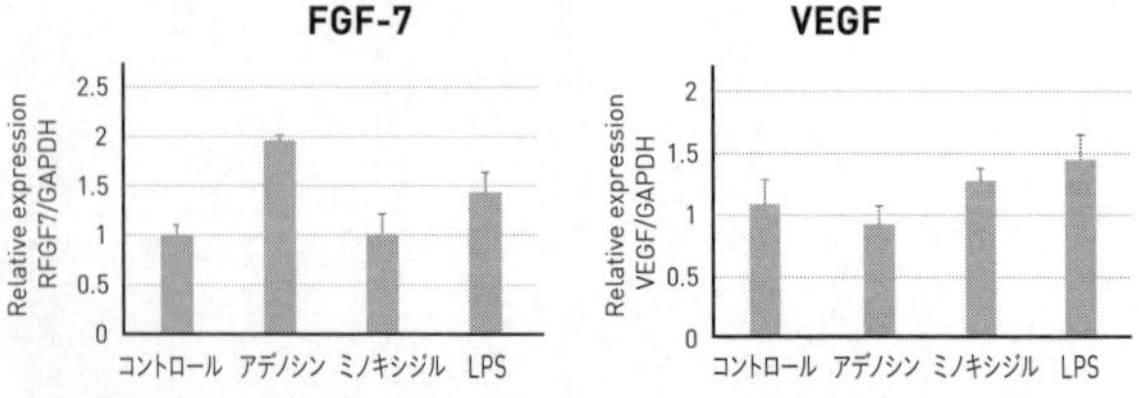


ヒト毛乳頭細胞に、アデノシン(100μM)、ミノキシジル(30μM)、LPS (2μg/ml) で
72時間刺激し、RT-PCRにて、遺伝子発現を調べた。

※Anticancer Res. 36: 3687-3692(2016)から改変

つまり、犬や猫は、春から夏にかけて毛が抜けますが、人間は夏になると毛が薄くなるなどということはないわけですね。

したがって、マウスから得たデータは、そのまま人間にあてはめてはならない、というのが原則です。

ただし、育毛における血流改善については、動物も人間も同じ効果が期待できると考えられます。

もう一つ。これは動物実験ではなく、ヒトの毛乳頭細胞にＬＰＳを作用させる試験をやってみた結果報告もあります。

それによれば、毛細血管を増やすのに役立つ「ＶＥＧＦ」の発現や、毛母細胞の分裂を促す「ＦＧＦ－７」という物質の発現が高まることが示されています。

食べたＬＰＳや皮膚に塗ったＬＰＳが直接、毛乳頭細胞に触れることはまずないので、この試験で見いだされた興味深い反応現象については、ＬＰＳが頭の表皮細胞に働きかけ、その免疫シグナルが伝えられて、そうした作用をもたらすのではないかと考えられます。

## LPSと「禿げ」対策

ところで、日本人の髪の毛が黒いのは、毛根にメラノサイト（色素細胞）が存在していて、メラノサイトで作られるメラニンが毛母細胞に取り込まれるからです。髪の毛の素となる細胞は、生まれた時は白く、あとからメラニンによって染められて頭皮に出てくるのです。

それが白髪となるのは、メラノサイトが減る、またはメラノサイトが作るメラニンの量が減るということです。

加齢現象の一つとして避けられないことではありますが、できるだけ黒々フサフサした元気な毛髪を維持するためにも、毛細血管の強化を心掛けるに如《し》くはありません。

また、特に男性が年を取るにつれて気になる「禿げる」ということについて。

遺伝要因とともに男性ホルモンが関与することについてはお聞きになったこともあるでしょう。

これは事実で、「去勢した男性は禿げない。去勢しても男性ホルモンを投与すると、遺伝的要因がある場合には禿げてくる」という事実があるそうです。

男性ホルモンは、量的には少ないですが女性でも作られています。

さて、男性ホルモンが関与するメカニズムを説明しましょう。

「テストステロン」という男性ホルモン。これが「５α－レダクターゼ」という酵素によって変換されて「ジヒドロテストステロン（ＤＨＴ）」というものになるのですが、このＤＨＴが、毛母細胞の分裂を抑制してしまう作用を持っているのです。

実は、ＤＨＴは毛髪を薄くするけれども、髭は濃くする、というパラドックス的作用を示すことがわかっており、まことに人間の体は摩訶不思議ではあります。

変換酵素「５α－レダクターゼ」やＤＨＴのレセプター（＝体内に受け入れるための受容体）は、前頭部や頭頂部の毛根に発現していますが、側頭部や後頭部の毛根には発現していません。

ですから、いわゆる生理現象としての男性型脱毛では、額や頭頂部は禿げますが、後頭・側頭部は禿げないわけなのですね（この禿げ方は「ヒポクラテスの禿頭」と言われていますが）。

男性ホルモンが禿げの原因ならば、なぜ若い時には禿げないか？

当然の疑問です。それについては、フリーの状態にあるテストステロンや「5α-レダクターゼ」の発現パターンが、年齢に応じて異なっているということも言われていますが、男性ホルモン以外にも育毛、発毛に影響する因子があり、これが加齢に伴って弱まるということが言えるのではと思われます。

たとえば、よく知られている育毛剤「ミノキシジル」は、もともと血圧降下薬として開発されたもので、臨床試験中の副作用として多毛が発現したことから現在に至っています。

ではこの「ミノキシジル」の発毛メカニズムはと言えば、

①血圧降下作用（カルシウムチャネル開放による血管拡張）と連動する血流改善が、まず考えられます。

しかしながら、すべての血圧降下剤に発毛作用があるわけではないので、その他の作用があるはずです。

その他の作用として考えられるのは、

②毛乳頭細胞からの毛母細胞の成長因子の産生促進

③毛母細胞死の抑制

のいずれかを誘導すると言われています。

そうであるならば――

①はもちろん、②も③も、ＬＰＳの力に頼ってみてもいいのでは、と思えてなりません。

## ■リンパの流れも改善

血液が流れる管が血管、リンパ液が流れる管がリンパ管です。

血管がループ状になっていて血液が循環しているのと異なり、リンパ管は、末梢の毛細リンパ管から始まり最後は静脈に流れ込む管であって、リンパの流れは一方向です。

途中に弁があるので、逆流はしません。

リンパ管の壁は、毛細血管と似た構造で、薄い内皮細胞の壁があり、物質の透過性が高くできています。

リンパ管の大きな役割の一つは、毛細血管や細胞からにじみ出て細胞組織の間隙に満たされている間質液の回収と静脈への返送です。

血管では心臓が血液を流すポンプの役割を果たしていますが、リンパ管にはリンパ液を流す特別な仕組みはありません。そのため流れはゆっくりとしており、体の動きがリンパ液を流す助けとなります。

浮腫やむくみというのは、リンパ液の流れが停滞して間質液がうまく回収されないことによって起こります。

私たちの体は、体重の60％が水分。その中の33％が細胞外の水分です。

その細胞外水分33％のうち、血液はわずか７％程度で、多くは間質液として存在しており、その量は血液の約４倍にもなります。

最も間質液が多いのは、皮下です。

私たちが塩分を取りすぎると、体は浸透圧を一定に保とうとして、水分が血管内に入り込み血圧が高まるのはご存じですね。それが高血圧となり、さらに脳出血、心不全、心筋梗塞、腎不全などの病気になっていくことは知られていると思いますが、できるだけそのような事態を引き起こさないよう、日々踏ん張ってくれているもの――それはマクロファージなのです。

マクロファージが、体の塩分と水分の適正な制御にかかわっているわけです。

塩分の多い食事をすると、体の塩分はゆっくりと腎臓で排出されていきますが、血液の塩分は腎臓からの排出に加えて、間質に取り込まれることでバランスを保とうとします。

賢いことに、マクロファージは塩分を感じて皮膚に集まり、皮膚に溜まっている水の塩分も制御。リンパ管を形成して間質の塩分濃度を下げるのです。

マクロファージの生体維持能力は、塩分や水分にまでも及んでおり、当然LPSはそのサポートをしています。

## 毛細リンパ管の増設に寄与

さて——。

リンパ管の、もう一つの大きな役割。それは免疫細胞のプールです。

末梢で吸い上げられた間質液が最終的に静脈に注ぎ込まれるまでに、枝分かれしていたリンパ管が集まり集まりし、何度も合流を繰り返します。

その合流地点が「リンパ節」というところで、リンパ節には免疫細胞が集まっています。

リンパ節の免疫細胞は、流れてくるリンパ液中の病原体や有害物質を取り除くとともに、ひとたび体内に異常が起こると、リンパ管を通り道にして出動していきます。

ところで必要なところに、毛細リンパ管は随時、新たに作られます。

リンパ管も内皮細胞でできており、マクロファージからの血管内皮細胞増殖因子-C（VEGF-C）の分泌によって増設されるのです。[*3]

したがって、マクロファージを活性化するＬＰＳの摂取に加えて、体の腕や脚などをこする適度なマッサージ（リンパマッサージ）を組み合わせることで、リンパの流れが良くなります。

ちなみに、リンパマッサージでは、リンパ液の流れる方向は決まっていますから、その流れに逆行するようなやり方はNGですのでご注意を。足先や指先から胸方向（胸管）に向かって。あるいは首から上では、耳の裏を通って胸方向（右リンパ本管）に向かってというのが基本となります。

## ■やけどや傷の治療にも役立つLPS

やけどの創傷治癒においても、免疫の力は重要です。損傷した皮膚の再生、炎症の抑制、感染の防御、さらには毛細血管の増設など、いずれも免疫の働きが関係します。したがって必然的に免疫を活性化するLPSが貢献することになります。

中国の江西医科大学医学部で行われた臨床試験で、LPS配合の保湿クリームを、やけどに適用した例がありますから、ご紹介しましょう。

両手を同程度にやけどした人で、左手にLPSを含有する保湿クリーム、右手に

## やけどへの適用結果

**傷ついた皮膚にも悪影響がなく、治癒を促進**

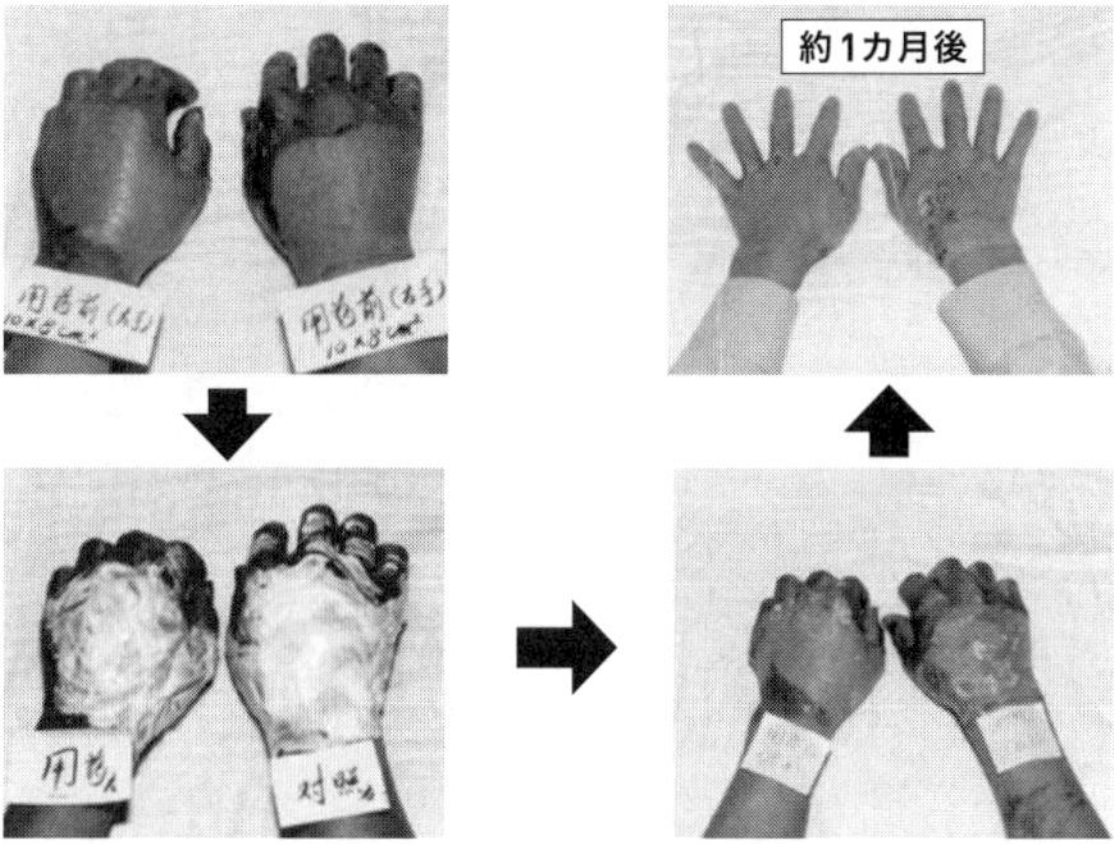


含有しない保湿クリームをつけて経過を調べています。

約1カ月後、ＬＰＳを含有する保湿クリームを塗布した手のほうが、より早く治癒することが示されています。

この例は、表皮が破壊されているやけどにＬＰＳを適用しても有害事象がなく、毛細血管の増設にいたるまで創傷治癒が促進されることを示唆しています。

ところで、重症のやけどを負うと、

感染症になり、それで亡くなる確率がとても高くなります。けれど、これもLPSが防いでくれる可能性があると言われています。

重いやけどでは、皮膚のバリアがやられて細菌侵入の危機にさらされてしまうのですが、実は皮膚だけのリスクではありません。

やけどのような強いストレスが体に加わることにより、腸からの細菌の侵入がなんと約80倍も増えることになってしまいます。

だから、患者さんは抗生物質を飲んで感染症を予防するわけですが、抗生物質を飲むと、腸内共生細菌も当然やられてしまう一方、腸から侵入する細菌数はほとんど減らないのです。

これは、抗生物質によって腸内細菌が少なくなったため、共生細菌に由来するLPS量も減少し、LPSによって誘導される生体内抗菌物質が作られなくなり、その結果、抗生物質耐性菌が増えるからです。

しかしながら、やけどを負った動物に、抗生物質とLPSを投与した実験・観察結果が出ています。

報告によれば、抗生物質とＬＰＳの摂取で、やけどを負った動物の腸からＬＰＳの情報が伝達され、体の中のマクロファージの活性化が維持されて、腸管から侵入する細菌の量を増やさないことがわかったとのこと。

第1章でもお話ししましたが、抗生物質を飲む時には併せて一緒に口からＬＰＳを摂るのが良い、ということが、重症やけどの治療回復においても当てはまると言えます。

いずれにせよ、このように体の内側からも、そしてクリームとして皮膚の上からも、ＬＰＳは、私たちが負ってしまったやけどや怪我による傷の治療に、大いに貢献してくれる物質です。

実際、怪我をした時にＬＰＳ入りのクリームを塗ると、とても傷の治りが早いことを経験している方も多いのです。

ＬＰＳが傷の治りを早くすることはいくつかの論文でも報告されていますが、表皮細胞[*4]や、コンタクトレンズや砂埃で傷つきやすい目の角膜の上皮細胞[*5]などは、傷つくとＬＰＳの受容体である「ＴＬＲ４」の発現が増加してくるとのことです。

受容体がたくさん増えると、ＬＰＳに対する感受性が高まり、ＬＰＳとよく反応してサイトカインが産生されます。

そして、その後にマクロファージなどの免疫細胞が集まり、傷の修復が進むことになります。

一方、ＬＰＳが働かない（ＬＰＳ受容体の欠損した）マウスは、傷の治りが遅いことも紹介されています。

つくづく感心させられるのは、体が傷ついた所でのＬＰＳに対する反応性はぐんと高まるようになっていること。

つまり、必要な時には効率よくＬＰＳが利用できる優れた仕組みが、私たちの体には準備されている――というわけです。

## 皮膚におけるＬＰＳの生理的作用

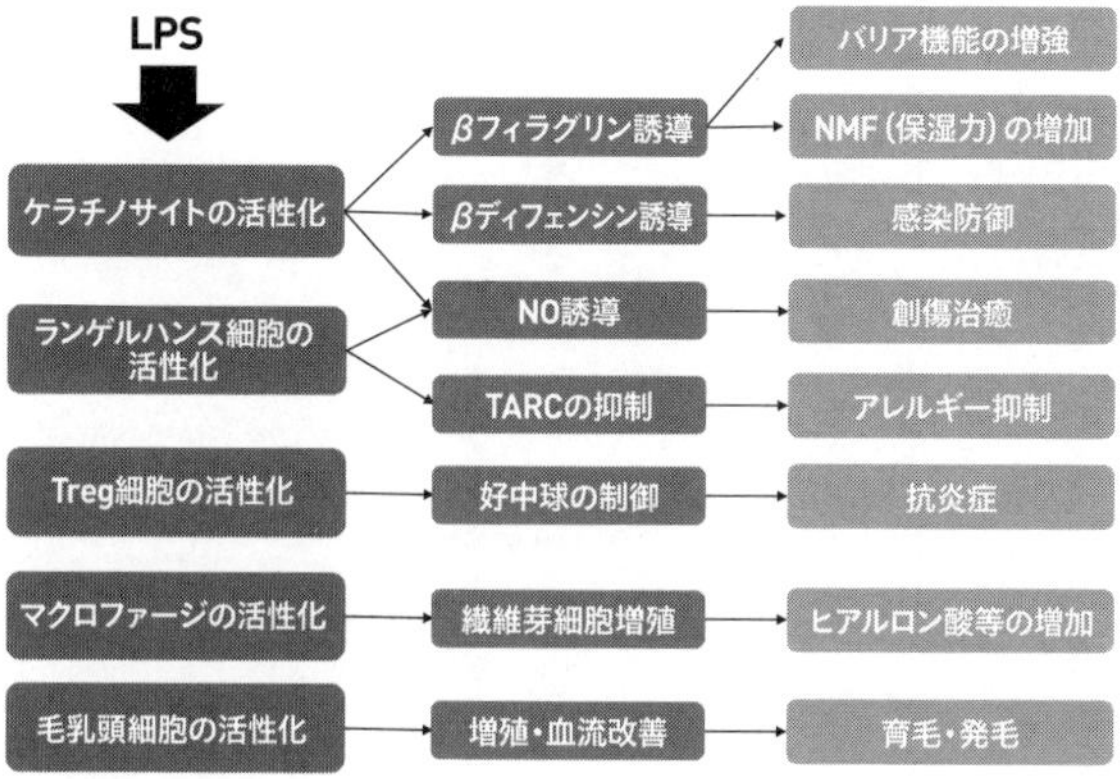


第3章のところで、肌の異常に際してＬＰＳが〝治せシグナル〟を発することを説明しましたが、やけどや怪我で傷ついた場合についても、ＬＰＳは同様な段取りで速やかな復旧を促します。

表皮細胞ケラチノサイトは、ＬＰＳの刺激を受けるや、紫外線による細胞死の抑制、接触性過敏症の抑制、ケラチノサイトの移動の促進作用などが報告されている一酸化窒素を出します。この一酸化窒素の働きが、やけどなどの治りを早めます。

また、LPSは表皮にいるランゲルハンス細胞にも働きかけて、炎症を抑制しようとします。LPSの刺激で、ランゲルハンス細胞では、「TARC」と呼ばれる炎症性ケモカインの発現が低下。すなわち、肌を正常化へと向かわせようとするわけですね。

表皮ではさらに、炎症を抑えようとする次のような動きも表れます。

表皮内にいるT細胞のうち、炎症を抑制的に制御するTreg細胞が活性化されて、その活性化されたTreg細胞は、好中球の炎症作用を抑えるということは前述しました。

具体的なメカニズムとしては、好中球が産生するIL-6（炎症性サイトカイン）の発現を弱め、IL-10（炎症抑制性サイトカイン）の発現を高めるのです。

そして、LPSで活性化されたTreg細胞は、好中球の活性酸素産生にもブレーキをかけます。

なお、表皮のT細胞のうち、炎症を促進するほうのT細胞（Teff細胞）は、

ＬＰＳに応答しません。

このことは、ＬＰＳがＴｒｅｇ細胞を通じて、皮膚の炎症悪化を抑制する働きをしていることを意味しています。

*1 Effects of 3 months continuous intake of supplement containing Pantoea agglomerans LPS to maintain normal bloodstream in adults: Parallel double-blind randomized controlled study, Food Sci Nutr. 2017;1-10

*2 Immunopotentiator from Pantoea agglomerans 1(IP-PA1) Promotes Murine Hair Growth and Human Dermal Papilla Cell Gene Expression, Anticanser Res. 36: 3687-3692(2016)

*3 Macrophages regulate salt-dependent volume and blood pressure by a vascular endothelial growth factor-C–dependent buffering mechanism. Nature Medicine 15: 545-552(2009)

*4 Toll-like receptor 4 has an essential role in early skin wound healing. J Invest Dermatol, 133: 258-267 (2013).

*5 The role of toll-like receptor 4 in corneal epithelial wound healing. IOVS, 55: 6108-6115(2014)

# おわりに

「えっ、皮膚は免疫組織だったの？」

本書で、そういう意外な感想を持たれた方が多かったかもしれませんが、皮膚においても、自然免疫は重要な健康維持機構です。

皮膚の細胞は、「自分は免疫細胞です」という顔こそしていないけれども、みんな免疫の仕事もしています。

環境に直に接している組織ですから、外部環境から身を守るために（感染防御）、また外部環境によって傷ついたらすぐに修復したり再生したりできるように、免疫の仕事を担っているのです。

皮膚細胞の再生をはじめ、細胞一つ一つがみずみずしく保湿力を保つことなどにも、自然免疫がすべて関係しています。

皮膚細胞は、常に環境に接しているがゆえ、害のないものに対して過剰反応しないように、ということもちゃんと心得ており、そうした皮膚細胞による免疫システムがうまく機能している時、何ら意識せずとも綺麗な肌でいられる、というわけです。

逆に、皮膚の免疫がうまく機能しないと、肌のトラブルにつながります。

化粧品会社・資生堂の広告に

〝美しいひとには、免疫がある。〟

というキャッチコピーがありましたが、それはまことに的を射ていると言えましょう。

肌は健康のバロメーターとも言われますが、免疫のバロメーターと言い直していいかもしれません。

皮膚の免疫がうまく機能しないと、肌のトラブルにつながってしまう……それならば、肌にトラブルがある時、あるいは少々老化してきたなという時は、皮膚の免疫機能を活発化してやればいいのです。

加齢とともに低下する自然免疫力を健全に維持することが、とりもなおさず、肌のアンチエイジングになるわけです。

ただし、無理やりというのはいけません。自然に逆らわない方法で、ということが重要です。

自然免疫を活性化するＬＰＳは、まさに自然由来の物質ですから、皮膚の健康にも良いということにほかなりません。

自然免疫を活性化する物質としては、ＬＰＳ以外でも、乳酸菌のペプチドグリカン、キノコや酵母のβグルカンが知られていますが、では、それらもまた皮膚の健康に良い働きをしているのかというと、必ずしもそうとは言えません。それらは分子が大きすぎて、皮膚内まで作用することができないのです。

分子量がそれらの1000分の1のLPSですら、表皮のタイトジャンクションから下には容易に入れないけれども、しかしながらLPSだけは特別です。両親媒性で皮脂になじみ、ランゲルハンス細胞や、ケラチノサイトと相互作用できるようになっていて、皮膚内にアプローチすることが可能なのだと、本書でお伝えしました。


LPSは、それ自体が保湿成分ではありません。

それ自身が何かの酵素作用を持つのでもなく、また何かの酵素作用を止めるのでもありません。

LPSの役割はあくまでも皮膚の細胞に、状況に応じた本来の働きをさせるように促すというものです。

そして促された皮膚の細胞は、また周りの細胞に活発化を促しますから、LPS

が皮膚の奥のほうまであえて入っていく必要はないのです。

まことに免疫というのはよくできたシステムです。


私たちの免疫は、外部環境から身を守っています。

そして同時に、外部環境からの刺激を受けて活発化します。

免疫を活発化するその外部環境の一つが環境中細菌や常在細菌ですが、免疫細胞は細菌を何によって認識しているのか。それは――丸ごとの細菌ではなくて、細菌の外側を覆っている膜成分によってです。

そうです、細菌の膜成分であるＬＰＳは、まさに皮膚が受け入れている自然な方法で皮膚の免疫を活発化できるのです。

さらに、ＬＰＳを経口摂取すると、毛細血管が元気になって血流が促進され、栄養が肌や頭皮にまでいきわたることも、本書でご理解いただけたと思います。

このようにＬＰＳは、私たちの体の内側からも外側からも、自然免疫を活性化できる格別の存在です。

健康の〝守り番〟マクロファージを効果的にパワーアップさせることができれば、人はもっと元気で長生きできるはず――。

長年、私を支えてきた自然免疫研究者としての強い信念です。

そして、マクロファージを効果的に活性化してくれる物質。それがＬＰＳにほかなりません。

誰しもの身近に存在する安心・安全な物質です。

しかもその活躍が各種広範囲に及んでいることから、今後も、ＬＰＳのさらなる実力が、きっと幾つも新発見され解明されていくに違いないでしょう。

本書は、まさにその最も新しい情報をお届けしたものです。

ぜひ読者の皆さまの美と健康のために、この極めて優秀なＬＰＳを日常生活において積極的に取り入れていただきたいと、切に思います。

杣　源一郎

# 「免疫ビタミン」で
# 肌免疫力を上げて、
# 10歳若返る！
## LPSで薄毛・老け肌にさようなら

著者　杣　源一郎

2020年9月5日　初版発行

杣　源一郎（そま・げんいちろう）
薬学博士、免疫学者。1977年、東京大学卒業。帝京大学助教授、帝京大学教授（生物工学研究センター、基礎部門Ⅰ、Ⅲ）、徳島文理大学教授（健康科学研究所、人間生活学部）、同大学大学院教授（人間生活学研究科）、香川大学医学部統合免疫システム学寄附講座客員教授を経て、現在は新潟薬科大学客員教授。産学官連携の研究開発を目的とした自然免疫賦活技術研究会会長、特定非営利活動法人「環瀬戸内自然免疫ネットワーク（LSIN）」理事、自然免疫制御技術研究組合代表理事などに加え、平成25年度より、内閣府「戦略的イノベーション創造プログラム（SIP）」では、「ホメオスタシス多視点評価システム開発グループ」の研究代表者を務めた。著書に『「免疫ビタミン」のすごい力』（ワニブックス【PLUS】新書）など。

発行者　佐藤俊彦
発行所　株式会社ワニ・プラス
〒150-8482
東京都渋谷区恵比寿4-4-9 えびす大黒ビル7F
電話　03-5449-2171（編集）
発売元　株式会社ワニブックス
〒150-8482
東京都渋谷区恵比寿4-4-9 えびす大黒ビル
電話　03-5449-2711（代表）
編集協力　西端洋子
装丁　橘田浩志（アティック）
柏原宗績
DTP　株式会社ビュロー平林
印刷・製本所　大日本印刷株式会社


ISBN 978-4-8470-6135-6
ワニブックスHP　https://www.wani.co.jp